인간과 환경

[제6개정증보판]

김 명 철 지음

녹 문 당

머리말

앎의 깊이가 얕기만 한데 책이라는 형태의 표현이 무언가 송구스럽다. 많지 않은 분량일지라도 완성케 하신 하나님께 감사드린다. 환경에 대한 지식과 의식이 요구되는 시대를 살고 있지만 읽는이로부터 쓸 만하다는 평을 받을 수 있을지 사뭇 염려스럽다. 이 책에도 추구하는 목적이 있다. 다양한 내용을 정확하고 간결하게 정리해 보는 것이다.

환경학개론이나 일반교양으로서의 환경학을 알기 쉽게 요약하는 것이 주된 의도이다. 오염물에 대한 공학적 처리기술은 가능한 한 배제하고, 자연환경과 그 속에 서 있는 인간의 위치를 현실의 여러 현상들을 통해 서술하였다. 대략적인 내용은 에너지, 대기, 수질, 토양, 폐기물, 소음과 진동, 식량과 건강 등의 일반론과 함께 바이오매스에너지, CFC, 엘니뇨와 라니냐, 다이옥신, 환경호르몬, 생명공학과 유전자조작 등의 자주 듣는 용어들이 해당 장과 절에 상세히 서술되어 있다. 특히 제7장에 수록한 국제 환경회의와 협약, 환경오염 사례들은 이용할 만한 자료가 될 것 같다.

본문 중의 화학물질명은 최근에 개정한 대한화학회의 규정을 따랐다. 익숙하진 않지만 F는 플루오린으로, CH_4는 메테인으로, $K_2Cr_2O_7$은 다이크로뮴산포타슘 등으로 표기하였다. 본문 중의 전문용어는 영어를 병기하였으며 찾아보기에 수록하였다. 표에 인용한 통계치들은 관련 문헌들을 참고하였으며 그림은 대부분 직접 그린 것이어서 내용전달의 정도가 궁금하다. 아무쪼록 이 책을 대하는 모든 분들의 따가운 충고와 조언을 기대할 뿐이다.

끝으로 책의 발간을 위해 애써주신 도서출판 녹문당 김중현 사장께 깊은 감사를 드리며 삼복더위 온 여름을 옆에서 묵묵히 지켜보며 격려해 준 아내와 두 아들이 고마울 따름이다.

1999년 8월

저 자

개정증보판 머리말

지식과 정보는 늘 끊임없이 새롭게 창출되고 있음에도 불구하고 삼 년여 만에 개정증보판을 내놓게 되어 스스로 나태함이 부끄럽고 이 책을 아껴주신 분들께 송구스럽다.

정확한 내용을 간결하게 정리하고자 한 의도는 초간본과 다를 바 없으나 몇 가지 주제를 첨가하고 보완하였다. 제6장과 제7장을 중점적으로 보충하였으며 특히 유전자변형 농산물(GMO)과 방사능 오염에 관하여 기본적으로 알아야 할 지식을 상세히 소개하였다. 또한 국가간 환경협약에 관해 '생물다양성 협약'과 '습지보전에 관한 협약' 등이 보완되었다. 이 밖에도 천연디젤유, 황사, 석면 등 새롭게 추가되거나 보충된 내용들이 각 장과 절에 들어 있고 기존의 자료와 내용들은 가능한 한 최근의 것으로 수정하였다.

이 책을 대하는 모든 분들로부터 외형적 부피에 비해 내용이 알차다는 평을 듣고 싶은 것이 당연한 저자의 심정이어야 하나 따가운 충고와 조언을 바라는 마음이 더 간절하다.

책의 출판을 위해 애써주신 녹문당 김중현 사장께 감사드리며 표지 사진을 제공해 준 정우원 교수도 고마울 따름이다.

2002년 2월

저 자

제2개정증보판 머리말

초간본과 개정증보판에 있는 오자를 이제야 몇 군데 바로잡으며 제 자신이 부끄럽고 이 책을 아껴주신 분들과 독자들께 송구스럽다.

평소 강의를 통해 소개하고 싶었던 몇 가지 주제를 첨가하여 보완하였다.

제3장에서는 열섬현상, 제4장에서는 백화현상, 제6장에서는 프탈레이트에 관한 내용을 추가하였다. 그리고 몇 개의 그림을 수정하였으며 각 장마다 이해의 폭을 넓히기 위해 본문을 재편집하거나 보충 내용이 담긴 문장들을 필요한 곳에 삽입하였다.

간결하면서도 많은 내용을 쉽게 표현하고픈 것이 저자의 의도이기에 이 책을 대하는 많은 분들로부터 따가운 질책과 조언을 바라는 마음 또한 간절하다.

책의 출간을 위해 늘 애써주시는 녹문당 출판사 김중현 사장께 감사드리며 교정과 편집을 도와준 여러분께 고마운 마음을 전한다.

2004년 2월
저 자

제3개정증보판 머리말

여러 번의 개정판이 나오기까지 이 책을 아껴주신 독자 제위께 마음 깊은 감사를 드린다. 보면 볼수록 부족한 것뿐이라 개정을 거듭하면서 한편 송구스런 마음을 금할 수 없다.

이번 개정판에는 각 장의 중요 개념들에 대한 설명을 보충하였으며 도표의 통계자료와 현황에 대한 수치를 최근의 것으로 수정하였다. 또한 여러 번의 개정에도 누락되었던 문자상의 오류부분도 아울러 정정되었다.

앞으로도 이 책을 대하는 많은 분들이 간결하면서도 정확하게 환경학의 기초지식을 습득하게 되시길 바라는 마음이 크다.

늘 책의 출간을 위해 애써주시는 도서출판 녹문당 김중현 사장께 감사드리며 편집과 교정을 도와주신 여러분께 고마운 마음을 전한다.

2005년 8월

저 자

제4개정증보판 머리말

연속적인 개정판이 나오기까지 이 책을 아껴주신 독자 제위께 다시금 마음 깊은 감사를 드린다.

이번 개정판의 주된 변화는 작업장 공기오염, 식품첨가물, 환경영향평가 등 평소 언급하고 싶었던 주제들을 새롭게 추가하였으며 최근 부각되는 석탄가스화의 내용들을 보충하였다. 또한 여러 통계자료들의 수치를 최근의 자료로 교체하였고 일부 그림들도 이해의 폭을 넓히기 위해 수정하였다.

그래도 부족한 부분이 많은 것 같아 이 책을 아껴주시는 많은 분들의 따가운 질책과 조언을 바라는 마음이 간절하다.

이번에도 본문에 대한 조언과 좋은 표지사진을 제공해 준 정우원 교수께 깊이 감사드리며 늘 책의 출간을 위해 애써주시는 도서출판 녹문당 김중현 사장님과 편집위원 여러분께 고마운 마음을 전한다.

2007년 2월
저 자

제5개정증보판 머리말

다섯 번째의 개정판을 바라보며 제 삶의 주권자이신 하나님께 먼저 감사하는 마음이다.

아울러 이번 출판의 동인 또한 꾸준히 본서를 아껴주신 독자 제위의 관심에 있기에 여러분께 마음 깊은 감사를 드린다.

이번 개정판의 주된 변화는 제2장 에너지 소비 부분에서의 신재생에너지에 관한 내용의 보완이라 할 수 있다. 관련 규정의 정비와 범주의 확정에 따른 체계적 정리가 가장 큰 부분이다. 아울러 각 장에서의 통계자료들을 최근의 수치로 수정・보완하였으며 내용 또한 새로운 정보와 연구 결과들을 반영하였다. 제6장 건강과 환경에서는 내분비계 장애물질에 관한 과학적 시각의 변화를 서술하여 이에 관한 이해의 폭을 넓히고자 노력하였다.

그러나 여전히 미흡하고 부족한 부분이 많은 것 같아 본서를 아껴주시는 많은 분들의 관심 어린 질책과 조언을 기대하는 마음이 크다.

이번에도 본문 서술에 대한 도움과 멋진 표지 사진을 제공한 정우원 교수께 감사드리며, 짧은 기간에도 불구하고 책의 출간을 위해 애써주신 도서출판 녹문당 김중현 사장님과 편집위원 여러분께 깊은 고마움을 전한다.

2011년 1월

저 자

제6개정증보판 머리말

여섯 번째의 개정판 출간을 맞아 제 삶의 주재이신 하나님께 먼저 감사드린다.

아울러 본서를 꾸준히 아껴주신 독자 제위들께도 마음 깊은 감사를 드린다.

이번 개정판의 주된 변화는 6년 만이라는 시간의 흐름에 따른 여러 통계자료들의 수정과 함께, 제3장과 제4장 몇 군데의 내용을 새롭게 보완하였다. 이 외에도 지금까지 누락된 오탈자의 교정을 통해 책의 완성도를 높이고자 하였다. 이를 통해 마음 한편에는 이 책이 환경기초분야 교양 필독서로 자리매김되기를 바라는 마음도 가져본다.

그러나 최신 과학적 결과를 동일 속도로 수록할 수 없는 자연과학분야 저술서들의 공통적 한계성과 함께 저자의 부족함이 이번 개정판에도 여전한 아쉬움으로 남아 있다.

끝으로 이번 개정판의 출간을 흔쾌히 수락해 주신 도서출판 녹문당 김중현 대표님과 수고해 주신 편집위원들께 큰 감사를 드린다.

2018년 8월

저 자

차 례

제1장 현대사회와 환경문제

제2장 에너지 소비

제3장 공기

제4장 물

제5장 토양

제6장 건강과 환경

제7장 환경관리

CHAPTER 1

현대사회와 환경문제

1.1 서론
1.2 과학의 발달과 환경오염
1.3 인구증가와 환경문제
1.4 성장한계와 환경위기

1.1 서론

사람이 살고 있는 지구환경의 오염은 날로 심화되어 가고 있다. 생태계의 균형이 깨지고 지구상에 존재하는 다양한 생명체들의 생명활동 자체가 위협받는 현실은 인간도 예외일 수 없다. 환경오염에 의한 영향은 여러 분야에서 이제 학문의 영역을 벗어나 인류의 생존 문제로 등장하였고, 현대를 살아가는 일반인들에게도 보편적 지식으로 대두되고 있다. 자연환경의 오염은 한 시대에 국한된 것이 아니라 과거로부터 현재에 이르기까지 오랜 시간을 거쳐 누적된 것이다. 인구의 급속한 팽창과 집중화, 과학의 발달과 대량소비, 자연관의 변화와 편의주의 등의 여러 요인이 복합적으로 작용한 결과이다. 그러므로 자연환경과 인공환경 전반에 걸친 다양한 형태의 오염에 관한 이해는 현

환경(environment)

인간환경(human environment)	자연환경(natural environment)
인구(population)	대기권(atmosphere)
주거(settlement)	수권(hydrosphere)
건강(health)	암권(lithosphere)
생물계(bioproductive system)	생물권(terrestrial biota)
산업(industry)	
에너지(energy)	
운송(transport)	
관광(tourism)	
교육 및 홍보(education & publicity)	
평화와 안전(peace & security)	

[그림 1.1] 환경의 분류

대에 이르기까지 시대적 변천과정에 대한 여러 각도의 생태학적 검토로부터 시작되어야 한다.

1.2 과학의 발달과 환경오염

1543년 출간된 코페르니쿠스의 『천구의 회전에 관하여』로부터 태동된 근대과학은 1687년 뉴턴의 최대 걸작이라 할 수 있는 『자연철학의 수학적 원리』를 통해 완성되었다. 이 근대과학의 등장은 그 이전까지 과학 전반에 거쳐 널리 받아들였던 아리스토텔레스적 사고체계를 붕괴시키고 이를 대신하게 되었다. 실험과 관찰이라는 새로운 과학적 연구방법은 아리스토텔레스가 제안한 많은 논리들이 틀렸음을 입증하였다. 이런 시대적 배경은 사람들로 하여금 자연을 바라보는 자연관의 엄청난 변화를 가져오게 하였다. 합목적성으로 표현되는 아리스토텔레스의 목적론적 자연관이 쇠퇴하고, 자연은 얼마든지 인간에 의해 조작되고 이용될 수 있는 것이라고 생각하는 새로운 자연관이 대두되었다. 아리스토텔레스는 자연을 하나의 유기체적으로 인식했다. 자연의 구성요소들은 분리된 것이 아니라 서로간에 연결되어 있으며, 어떤 목적을 향해 움직인다고 보았다. 따라서 자연적인 상태에 변형을 가하는 것은 바람직하지 않다고 생각하였다. 그러나 새로운 과학적 발견에 고무된 근대의 자연관은 자연을 두려워할 대상이 아니며, 정복하고 이용해야 할 물질적이고, 기계적인 것으로 보았다. 결국 근대과학의 축적된 지식은 대부분 자연을 지배하는 기술에 응용하게 되었다. 이 근대과학의 자연관은 18세기 말의 산업혁명을 거쳐 과학이 사회유지의 필수적 요소로 자리한 현재에까지 이르게 되어 여러 환경문제 발생의 배경이 되었다.

또한 현대과학이라 할 수 있는 20세기의 과학은 다음과 같은 몇 가지 특징으로 자연파괴와 환경오염을 더욱 가속화하게 되었다.

(1) 과학자들의 전문화와 집단화
(2) 기술로의 빠른 전환
(3) 생활 속의 비중 증대

첫 번째 특징은 현대과학의 전문분야가 극도로 세분되었으며 각 분야의 전문가들이 집단화했다는 점이다. 이로 인해 과학기술이 복합적으로 응용된 분야는 결과에 대한 종합적인 평가나 예측이 어렵게 되었다. 세분화된 전문가 집단의 등장은 집단의 이익에 우선적인 가치기준을 두고 공공의 이익과 다른 방향으로 과학기술이 사용될 가능성을 가지게 했다. 예를 들어 원자력의 이용과 관련 있는 과학자 집단이라면 결과의 부정적인 면에 대해 스스로 회의적인 의견을 제시하기보다 오히려 그 효용의 홍보에 노력을 기울이기 쉬울 것이다.

현대과학의 두 번째 특징으로서 기술로의 응용이 빠르다는 점을 들 수 있다. 과학과 기술의 밀월은 이전 시대에 비해 체계적이며 더욱 빠른 속도의 자연수탈을 가능케 하여 자연의 회복능력을 앞지르는 대규모의 파괴를 통해 회복불가능한 상태의 훼손을 누적시켰다.

세 번째로 현대과학이 현대생활에 있어서 비중이 증대되고 있다는 것은 전자제품이나 자동차와 같은 여러 가지 과학의 산물들이 현대생활의 필수적 요소로 자리잡고 있다는 점이다. 따라서 이것들의 대량소비는 필연적으로 자원의 빠른 고갈과 폐기물의 대량 배출이라는 두 문제를 야기시키게 되었다.

결국 자연을 이용과 정복의 대상으로 보는 근대과학의 자연관을 계승한 현대과학은 그 특성들로 인해 발전의 속도만큼이나 빠른 환경파괴를 수반하게 되었다.

1.3 인구증가와 환경문제

현대사회의 환경문제는 일반적으로 인구문제로부터 시작되며, 인구의 폭발적 증가와 도시화는 환경문제의 직접적인 원인을 제공한다. 17세기 5억의 세계 인구가 10억으로 늘어나는 데 약 200년의 배증기간(doubling time)이 필요했다. 그러나 20세기에는 그 기간이 50년을 넘지 못하고 21세기를 몇 달 앞둔 1999년 7월에 드디어 세계 인구는 60억을 넘었다. 지구상에 존재하는 총인구의 증가는 직접적으로 식량, 자원, 에너지의 부족을 가져왔고, 대량소비를 위한 공업화는 유해한 폐기물들을 양산시켰다. 동물들의 집단에서는 간혹 한정된 서식지내의 개체수가 증가하면 자연증가율이 둔화되는 현상이 발견되기도 하나 인간의 경우 현재 1 % 이상의 자연증가율이 어느 시점에서 정지되거나 낮아질는지 알 수 없다. 식량과 자원의 확보를 위한 노력은 국가간 분쟁유발이나 또 다른 환경파괴를 야기시킬 수 있다. 또한 한정된 양의 석유는 앞으로 연료로서가 아니라 화학공업의 원료로서의 가치를 높여갈 것이고, 이로 인해 대체에너지원의 개발과 공급이 원활하지 못할 경우 인류 전체가 심각한 에너지 위기를 맞을 수 있다. 전체 인구에 대한 도시거주 인구의 비율이 인구의 도시편중도를 나타내는 척도이고, 현재 세계적인 평균치는 50 % 정도이며 선진국의 경우 70 % 이상, 우리나라는 인구 백만 이상 도시 거주민 경우 60 %를 넘고 있다. 인구의 도시집중으로 인해 발생되는 환경문제는 에너지의 집중적 대량소비에 따른 오염, 좁은 지역 내 밀집된 교통량에 따른 대기오염, 엄청난 양의 생활하수 및 생활쓰레기, 빈부격차에 따른 정신적인 황폐화 등을 들 수 있다. 특히 저소득층이 밀집된 지역은 정신적으로 상대적인 상실감을 느낄 뿐만 아니라 실제적인 생활환경도 열악하여 스트레스로 인한 약물중독, 높은 이혼율, 공격적 성향과 높은 범죄율 등을 야기하여 도심 일부공간의 슬럼화를 진행시키기도 한다.

세계 인구의 증가가 무한하게 지속되지는 않을 것이라는 견해가 지배적이긴 하지만 가족계획과 같은 외부적인 인구억제책과 함께 경제성장과 생활수준의 향상을 통해 자연적인 증가율 감소를 유도하는 것이 현재로서는 인구문제에 대한 최선의 방법이다.

1.4 성장한계와 환경위기

최근 우리나라의 동강댐 건설에 대한 논쟁과 같이 개발과 성장이냐, 아니면 보존과 유지냐의 두 가지 상반된 삶의 방법이 현대인에게 주어져 있다. 개발의 필요성을 주장하는 성장옹호론은 인간생활에 지금까지 끼친 과학의 업적을 내세우며 과학과 기술의 무한한 진보만이 테크노피아를 향하는 인류의 유일한 선택이라고 한다. 이것은 단지 급속한 경제성장만 우선적 과제로 생각하는 일부 개발도상국가의 정치가들이나 또는 단기간의 이윤만 추구하는 선진국의 몇몇 대기업들이 내세우는 주장일 뿐이다. 개발의 이면에는 숨겨두었거나 예상치 못했던 많은 피해가 반드시 뒤따른다. 그 피해는 종류에 따라 짧은 기간에 나타나지 않다가 수십년 혹은 수백년 후에 서서히 나타나기도 한다. 댐건설은 농업용수 또는 공업용수의 확보, 하류지역 수량조절, 전력생산, 고용증대와 같은 효과를 기대할 수 있다. 그러나 그 이면에는 수량감소와 영양물질 차단으로 인한 하류지역 농토의 황폐화, 수몰로 인한 농지감소와 유적지 파괴, 생태계교란과 기후변화, 수로건설로 인한 자연훼손 등의 피해를 생각해야 한다. 특히 생태계변화에 따른 피해는 곧바로 나타나지 않아 종합적 평가시에도 축소되거나 간과되기 쉽다.

성장과 개발에 따른 종합적 판단을 위해 환경영향평가와 같은 제

[그림 1.2] 자연 그대로 유유히 흘러가는 동강의 모습

도적 노력도 필요하다. 그러나 그것 역시 현재의 과학 수준을 넘을 수 없다는 한계성이 문제이다. 초음속 여객기와 냉장고의 이용은 인간에게 생활의 편리함을 제공했지만 오존층 파괴라는 예상치 못한 환경문제를 야기시켰다. 또한 1970년대 이후 가장 이상적인 쓰레기처리법으로 실행되어 왔던 소각법이 최근에는 다이옥신의 발생 때문에 사용상의 제한을 받고 있다.

그러므로 인간은 현재의 과학과 기술의 한계성을 인식하고, 미래의 가치관으로 자연을 바라보는 것이 개발의 지속여부에 대한 기준이 될 것이다.

CHAPTER

2

에너지 소비

2.1 에너지의 보존

에너지는 외부적으로 일을 하거나 열을 제공할 수 있는 물체의 저장된 능력이라 할 수 있다. 열에너지, 일에너지, 화학에너지, 핵에너지, 빛에너지 등 여러 형태가 있으며 형태간의 상호변환이 가능하다. 인간이 물질적 풍요를 통해 행복을 추구할수록 에너지의 소비는 증가하여 유용한 에너지의 고갈이라는 에너지 위기를 맞게 된다. 열역학 제1법칙은 에너지 보존에 관한 법칙으로 "에너지는 형태간의 변환을 하더라도 그 총량은 변함이 없고 보존된다"라고 정의한다. 즉, 인간이 사용하는 에너지는 사용 후에도 결국 지구 어디엔가 반드시 존재하며 그 총량 또한 일정하다. 연료를 태워 열에너지를 얻을 때 연료의 소비를 통해 에너지가 없어진 것 같지만 사실은 주변 공기의 온도를 상승시켜 주므로 그 양은 일정하게 보존되어 있다.

2.2 에너지 위기와 엔트로피 공해

열역학 제1법칙을 생각하면 에너지의 고갈이란 표현은 옳지 못하다. 그런데도 에너지 위기는 현실적인 문제로 인류의 생존 앞에 놓여 있다. 에너지 위기(energy crisis)는 에너지 자체의 고갈이 아니라 이용가능한 에너지의 고갈이다. 열역학 제2법칙은 엔트로피(entropy)의 법칙이고, 이용가능한 에너지에 관한 설명을 해준다. 엔트로피는 무질서한 정도를 의미하고, 열역학 제2법칙은 "자연계의 모든 자발적 과정은 항상 엔트로피가 증가하는 쪽으로 진행된다"는 것이다. 즉,

일정한 대상의 '닫힌 계' 내부에는 항상 가장 높은 엔트로피 상태인 가장 무질서한 상태로 나아간다는 것이다. 인간이 에너지를 이용한다는 것은 결국 낮은 엔트로피를 가진 고급의 에너지를 큰 엔트로피의 하급 에너지 상태로 변환하는 과정이다. 이런 에너지 소비를 지속하면 엔트로피는 양산되어 시간의 흐름에 따라 최종적으로 지구는 이용 불가능한 에너지로만 가득 차게 되며 인간뿐 아니라 모든 생명체의 존재가 불가능해질 것이다. 그래서 현대의 에너지 위기는 일종의 엔트로피 공해(entropy pollution)이다. 에너지뿐만 아니라 자원을 포함한 많은 현대의 환경문제가 엔트로피의 양산에 따른 이 엔트로피 공해와 관련이 있다. 그러나 여기에도 자연적인 돌파구는 있다. 외부와 에너지 및 물질의 출입이 자유로운 '열린 계'의 경우는 이 법칙이 성립되지 않는다. 지구환경에서 가장 대표적인 '열린 계'는 생물권이다. 특히 식물계는 외부로부터 높은 엔트로피의 에너지를 받아들여 낮은 상태로 보존하거나 제공하는 기능을 가지고 있다. 이 점은 과학적 설명이 힘든 생명력의 작용이다. 사람의 발이 닿지 않는 깊은 삼림은 세월이 갈수록 숲이 더욱 울창해지고, 땅은 더욱 비옥해져 인간이 이용가능한 풍부한 탄수화물과 목재를 제공해 준다. 이것은 엽록소를 통해 생명력이 열역학 제2법칙의 반대 방향으로 작용하여 상대적으로 큰 엔트로피의 빛에너지를 작은 엔트로피의 영양분으로 바뀌게 한 결과이다.

그러므로 머지않은 미래에 닥칠 에너지 위기에 대한 인간의 노력은 새로운 에너지원의 개발 및 사용량 조절과 함께 소비과정에서의 효율성 증대에 집중되어야 할 것이다.

2.3 화석연료

화석연료(fossil fuel)는 석탄, 석유, 천연가스를 가리킨다. 지하에 매장된 과거의 동·식물들이 분해되어 생긴 물질들이다. 고대로부터 중세에 이르기까지 인류의 가장 큰 에너지원은 목재였다. 번창했던 고대의 큰 도시들은 수송수단의 제한성으로 인해 주변 산지의 목재량이 도시의 유지에 가장 큰 조건이었고, 남벌로 인한 삼림의 황폐화는 에너지 자원의 고갈과 자연재해를 초래하여 도시 쇠퇴의 직접적인 원인이 되기도 했다. 그러나 목재가 지하에서 탄화되어 생긴 석탄은 화석연료 중 가장 큰 7.4×10^{12}톤의 매장량과 사용상의 편리함을 제공하여 산업혁명을 일으켰으며 소비재의 대량생산을 가능케 했다. 석탄은 목질의 탄화도에 따라 토탄, 갈탄, 역청탄, 무연탄으로 분류하고, 종류와 산지에 따라 주성분인 탄소함량뿐 아니라 수분이나 휘발성 성분, 황의 함유율도 각기 다르다. 석탄이 에너지원으로 사용되기 시작한 초기에는 개인과 산업에서 폭발적인 수요를 가져왔으나 액체 연료인 석유의 등장과 함께 지금은 그 이용이 상당히 제한적이다. 석탄은 연소할 때 주된 성분으로 이산화탄소를 발생시키지만 석탄 내 소량 들어 있는 중금속이나 황은 대기 중의 중금속 농도와 아황산가스의 농도를 증가시킨다. 석탄을 연료로 한 화력발전소 인근 호수의 수은 농도가 다른 지역에 비해 높게 나타나는 것들이 좋은 예이다. 석탄사용과 연관된 환경문제는 채굴과정이나 수송부분에도 있다. 지하 갱도를 이용한 채굴에 비해 비용이 적게 드는 노출채탄법은 표토를 침식시키므로 회복불가능한 상태로 자연을 훼손하게 되고 갱도채탄법이나 수송시 발생되는 분진은 인근지역의 심각한 대기오염을 야기시킨다.

1920년 이후 현대사회의 주된 에너지원으로 사용되고 있는 석유는 수송과 보관이 용이하며 열량도 높다. 석유의 매장량은 전 세계적으로 대략 1.5×10^{12}배럴로 추정하고 있으며, 지금까지 1/3 정도인

0.46×10^{12}배럴 정도를 생산하고 있다. 그래서 현재의 소비량이 증대하지 않는다 해도 30년을 넘지 못할 것이라는 견해가 지배적이다. 물론 탐사기술이나 채굴기술의 발달로 추정 매장량이나 경제성 있는 생산량이 증가할 수도 있다. 그러나 석유는 앞으로 매장량의 급격한 감소로 인해 에너지원으로서의 가치보다 화학공업의 원료로서의 비중이 증대할 것이므로 현재와 같은 절대적인 에너지 의존도를 가질 수 없을 것이다.

매장량의 50 % 이상이 중동지역에 있는 석유는 원유정제를 통해 기체성분($C_1 \sim C_4$), 가솔린, 석유, 경유, 중유, 윤활유, 아스팔트 등으로 나누는데 공기 중에서 연소시 이산화탄소와 수증기를 발생시키고 막대한 열을 방출한다. 또한 석탄과 마찬가지로 소량의 황을 함유하고 있으므로 연소할 때 아황산기체를 발생시키고, 대기오염을 일으킨다.

20세기 내연기관의 발달과 함께 연료로서의 수요가 폭증하게 된 석유는 이산화탄소 방출로 인한 지구대기 온실효과, 대기오염물질(SO_2, NOx, CO, HC, Pb 등등)의 방출과 같은 직접적인 문제뿐만 아니라 생산과 수송을 통한 자연훼손과 해양오염 등의 수많은 환경문제를 야기시켰다.

천연가스의 주성분 메테인(CH_4)은 석유에 비해 오염물질의 배출량이 적고 수송과 사용이 편리하다는 장점이 있다. 우리나라도 영일만 앞바다에서 상업성이 있는 천연가스층이 최근 발견되고 있으나 절대적으로 한정된 매장량으로 인해 미래 에너지로서의 역할은 크게 기대할 수 없다. 그러나 최근 해저 400～500 m 퇴적층에서 발견되는 메탄하이드레이트(methane hydrate)는 차세대 청정에너지로 주목받는 화석연료이다. 이것은 동식물의 사체로부터 발생한 메테인 기체가 낮은 온도, 높은 압력하에서 얼음형태의 고체로 존재하는 것이다. 세계적인 매장량도 10조톤 이상이며, 우리나라 동해안에서 시추작업을 통해 확인된 양도 6억톤 정도로서 국내 가스소비량으로 비교하면 30년 정도의 사용량에 해당된다. 그러나 고체상태의 에너지 자원이어서 채굴방법이 용이하지 않고 열수처리법, 감압법, 해리제 주입법 등을 이용하여 유체상태로 채굴해야 한다. 또한 채굴과정에서 대량의 메테인 기체가 발생하여 새어 나온다면 그 위쪽 해상을 지나는 선박의 안전을 위협할 수 있고, 과거 버뮤다 삼각지대에서의 선박실종도 이와 유관할 것으로 보는 견해도 있다. 이런 난제에도 불구하고 국내의 경우 2030년 이전 상업화 생산이 가능할 것으로 예측된다.

2.4 원자력 발전

원자력 발전은 크게 핵분열 방식과 핵융합 방식의 두 가지가 있다. 우라늄과 같이 무거운 원소들은 핵분열시 에너지를 방출하고, 수소와 같이 가벼운 원소는 핵융합시 에너지를 방출한다. 이런 원리를 이용한 것이 핵에너지를 이용한 원자력 발전으로 핵분열로는 실용화되어

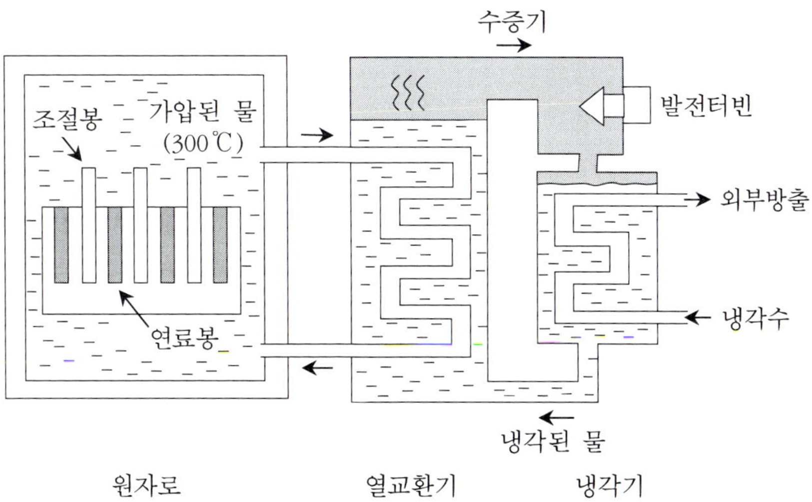

[그림 2.1] 가압형 경수로의 구조

있으나 핵융합로는 아직 연구단계일 뿐이다. 핵분열 원자로는 핵연료로서 $^{235}_{92}U$를 사용하는 방법과 $^{238}_{92}U$ 및 $^{232}_{90}Th$를 이용하는 방법의 두 가지 형태가 있으며 전자의 대표적 예는 가압형 경수로(pressurized light water reactor, PWR)로서 우리나라를 포함한 세계적으로 가장 상용화된 형태이고, 후자의 경우는 증식로(breeder reactor)를 들 수 있다.

가압형 경수로는 핵연료로서 자연 핵분열을 일으키는 $^{235}_{92}U$를 사용하고, 우라늄광석 중 함량이 0.7 % 정도이므로 2～3 %로 농축시켜 사용한다. 조절봉(control rod)은 급격한 핵분열을 제어하기 위해 중성자를 흡수하는 물질로 구성되어 있고, 주로 카드뮴(Cd)과 붕소(B)를 사용하며 핵분열속도에 따라 연료봉 사이에 적당히 담그거나 뽑아 올리는 과정을 반복한다. 원자로 내의 물은 가압되어 있어 300℃ 정도를 유지하고, 원자로의 냉각과 열전달매질로 사용되며, 특히 고속의 중성자를 감속시켜 핵분열을 용이하게 지속시키는 감속제(moderator) 역할도 한다.

$$^{235}_{92}U + n(\text{중성자, 느린 속도}) \longrightarrow$$
$$^{142}_{56}Ba + ^{91}_{36}Kr + 3n(\text{중성자, 빠른 속도}) \tag{2.1}$$

현재 $^{235}_{92}U$를 사용하여 생산된 전력량은 전체 발전량에 대해 세계적으로는 13 %, 우리나라의 경우는 50 %를 넘고 있다. 그러나 핵연료로 사용하는 우라늄의 비축량은 전 세계적으로 100만톤 정도로 전부 핵발전에 이용한다 해도 세계 총에너지 소비량의 10년치 정도밖에 되지 못한다. 따라서 잠재성 핵분열물질인 $^{238}_{92}U$나 $^{232}_{90}U$를 이용한 증식로의 필요성이 대두되었다. $^{238}_{92}U$를 이용한 증식로 반응은 식 (2.2)와 같다.

$$^{238}_{92}U + n(\text{중성자, 빠른 속도}) \longrightarrow ^{239}_{92}U + \gamma \longrightarrow$$
$$^{239}_{93}Np + \beta^- \longrightarrow ^{239}_{94}Pu + \beta^- \tag{2.2}$$

증식로는 $^{238}_{92}U$를 ^{239}Pu로 변환시키기 위해 빠른 속도의 중성자가 필요하므로 감속제를 사용하지 않고 원자로 내부에는 물을 대신하여 열전도도가 높은 액체 소듐이 600℃ 정도의 온도로 채워져 있다. 증식로의 구조는 액체 소듐을 사용하는 것 외에는 가압형 경수로와 유사하다. 그러나 로의 냉각과 열교환제로 사용되는 액체 소듐이 물과 접촉하면 폭발 위험성이 있으므로 고도의 정밀한 열교환기 제작이 어려운 기술이다. 또한 고속 증식로는 원자폭탄제조의 원료로 사용될 수 있는 $^{239}_{94}Pu$를 쉽게 생산할 수 있기 때문에 핵무기확산의 위험이 높아지며, 정교한 장치에 의한 엄청난 투자비용과 높은 사고위험률로 인해 연구용이 아닌 상용화의 장래는 불투명하다.

핵분열을 이용한 원자력 발전은 크게 세 가지의 문제점을 가지고 있다. 그 첫째가 방사능 오염이다. 인간이 자연이나 의료용기기로부터 받는 방사능량은 대개 연간 270 mrad 정도이다. 핵발전소 내의 방사능 노출치는 연간 20 mrad 이하로 운용되도록 규정되어 있다. 그러나 1979년 미국 스리마일 원자력 발전소나 1986년 소련 체르노빌 발전소와 같이 사고에 의한 방사능 유출 가능성은 항상 있다. 또한 우라늄광석의 채굴과 농축, 연료봉의 수송과 재처리, 폐연료봉의 폐기 등의 과정을 통한 방사능 오염은 정상적인 핵발전소에서도 필연적으로 수반되고 있음을 알 수 있다.

두 번째는 수명이 짧다는 점이다. 전 세계의 우라늄 비축량은 약 100만톤이다. 이를 모두 핵발전에 사용하면 600조 KWh의 전력을 생산할 수 있다. 그러나 다른 에너지원의 공급 없이 사용한다면 10년 정도의 세계 에너지 소비량밖에 되지 못하며 핵발전에 의한 에너지 의존율이 20 %라 하더라도 50년 이상을 기대할 수 없다. 또한 막대한 건설비가 드는 핵발전소의 평균 수명은 약 30년 정도인데 이미 폐쇄되어 출입이 금지된 원자력 발전소들의 평균 수명은 단지 17년에 불과했다. 한번 폐쇄된 핵발전소는 방사능 누출 위험으로 인해 개조하거나 재사용이 불가능하며 해체시 엄청난 비용이 필요하다.

세 번째 문제점은 핵무기 제조의 위험성이다. 우라늄 핵연료봉의 재처리시 증식로의 플루토늄 분리과정에서 항상 핵폭탄 제조에 필요한 핵물질을 확보할 수 있다. 북한의 영변 원자력 발전소의 경우 증식로를 통한 플루토늄의 분리가 가능하기 때문에 문제가 되고 있다. 플루토늄 5 kg 정도이면 소형 핵폭탄의 제조가 가능하며, 정상적인 핵발전과정에서도 연료봉 구입과 재처리과정을 통해 쉽게 확보할 수 있는 양이다.

이와 같은 근본적인 문제점들로 인해 핵분열에너지를 이용한 원자력 발전은 인류의 영원한 에너지원이 되지 못하며 일시적인 방편일 뿐이다. 다만 기후변화와 관련된 탄소저감정책으로 인하여 핵발전에 대한 관심과 수요가 최근 크게 증가하고 있다. 원자력에너지의 영구적 이용을 위한 노력이 핵융합(nuclear fusion)방식에 대한 연구이다. 원자번호 26의 철보다 가벼운 원소들은 핵이 서로간에 융합할 때 다량의 에너지를 방출한다. 태양은 핵융합반응에 의해 영구적으로 에너지를 방출하고, 태양 중심부에서 진행되는 수소 핵융합반응이 태양에너지의 발생원이다. 핵융합반응은 핵확산의 위험 없이 지속적인 에너지의 공급이 이론적으로는 가능하다. 핵융합물질로는 중수소(deuterium, D)와 삼중수소(tritium, T)를 사용한다. 삼중수소는 리튬(Li)원자에 중성자를 충돌시켜 인공적으로 제조한다.

$$^{2}_{1}\mathrm{D} + ^{3}_{1}\mathrm{T} \xrightarrow{4\times10^{7}\,\mathrm{K}} ^{4}_{2}\mathrm{He} + ^{1}_{0}\mathrm{n}\,(\text{중성자}) \tag{2.3}$$

$$^{6}_{3}\mathrm{Li} + ^{1}_{0}n \longrightarrow ^{4}_{2}\mathrm{He} + ^{3}_{1}\mathrm{T} \tag{2.4}$$

핵융합에 의한 원자력 발전은 많은 장점에도 불구하고 아직 실용화되지 못하고 연구만 활발히 진행되고 있다. 그 이유는 핵융합반응로의 제작이 아직은 불가능하기 때문이다. 현재 연구용으로 도넛 모양의 장치 속에 핵융합원료물질들을 넣고 1억도 이상의 온도를 유지시켜 플라즈마 상태에서 진행시키는 토카막(Tokamak) 형태와 0.1 mm 직경의 유리구슬 속에서 다량의 레이저빔을 순간적으로 집속시켜

융합을 유도하는 방식으로 진행중에 있다. 현재까지 연구결과는 수 초~수십 초 정도의 핵융합반응과 약간의 에너지도 생산했으나 에너지의 효율성과 지속적인 핵융합반응을 위한 고온유지에 문제가 있고, 연속적인 레이저빔 발생에도 어려움이 있어 상업화에는 많은 제약을 받고 있다. 또한 상업화에 성공한다 해도 몇 가지 문제점은 있다.

그 첫째는 핵융합원료인 삼중수소의 공급이 한정되어 있는 점이다. 삼중수소의 제조에 필요한 리튬원자는 매장량이 우라늄보다도 적어 근본적으로 핵발전량이 제한되어 있다. 두 번째는 심각한 방사능오염이다. 중수소-삼중수소 핵융합방식에서는 핵분열방식에 비해 4배 정도 많은 중성자를 방출하게 되어 상대적으로 더욱 심한 방사능 오염과 막대한 양의 방사능 폐기물을 발생시키기 때문이다. 마지막으로 경제성이 불확실하다는 점이다. 고온고압의 가동조건은 시설과 부품의 잦은 교체와 발전설비의 수명단축을 유발하며 열공해방지를 위한 폐열처리비용은 가동비의 상당부분을 차지할 것이기 때문이다.

2.5 신재생에너지

화석연료에너지와 핵에너지를 대신할 미래의 에너지는 환경친화적이며 지속적인 재사용이 가능한 비고갈성 에너지이어야 한다. 이런 에너지 자원을 신재생에너지라고 하며, 우리나라에서는 "신에너지 및 재생에너지 개발 이용 보급 촉진법"에서 "기존의 화석연료를 변화시켜 이용하거나 햇빛, 물, 지열, 강수, 생물유기체 등을 포함하여 재생가능한 에너지를 변화시켜 이용하는 에너지"로 정의한다. 여기에는 여덟 가지 재생에너지(renewable energy)와 세 가지 신에너지(new energy)가 있으며, 그 종류는 다음과 같다.

재생에너지	신에너지
태양열에너지, 태양광에너지, 바이오에너지, 풍력에너지, 수력에너지, 지열에너지, 해양에너지, 폐기물에너지	연료전지, 석탄액화가스화, 수소에너지

국내의 경우 신재생에너지가 차지하는 에너지 비율은 2016년 기준으로 4.8 % 정도이며, OECD국가들 중에서도 낮은 편이다. 그중 종류별로는 폐기물에너지(61.7 %), 바이오에너지(19.5 %), 수력에너지(4.3 %), 태양광에너지(7.7 %), 태양열에너지(0.2 %)와 일부 연료전지 및 지열에너지 등이 이용되고 있다. 특히 재생에너지의 경우 2015년 국내 1차 에너지 생산량의 1.1 %로서 34개 OECD국가 중 가장 낮았다.

그러나 현재의 에너지 소비율과는 달리 전 지구적인 관점에서 볼 때에 미래 대체에너지로서 가장 큰 역할은 태양에너지이다. 이 관심은 국제적으로 1996년 하라레 선언에 잘 나타난다. 향후 인류의 생존과 지속가능한 개발을 위해 태양에너지가 필수적임을 인식하고, 그 이용법의 개발과 확산에 모든 국가가 참여하여 정책과 자금을 제공해야 함을 명시하였다. 이로 인해 제안된 국제기구가 세계태양계획(World Solar Program, WSP)이다.

〈표 2.1〉 OECD 주요 국가별 신재생에너지 소비율(2020년, %)

국가	소비율	국가	소비율
한국	6.6	독일	40
미국	17	영국	40
일본	18	이탈리아	40
프랑스	20	캐나다	60

태양에너지의 이용은 크게 두 가지로 나눈다. 태양열을 직접 냉난방에 이용하는 방법과 태양빛으로부터 발전을 하는 방법이다.

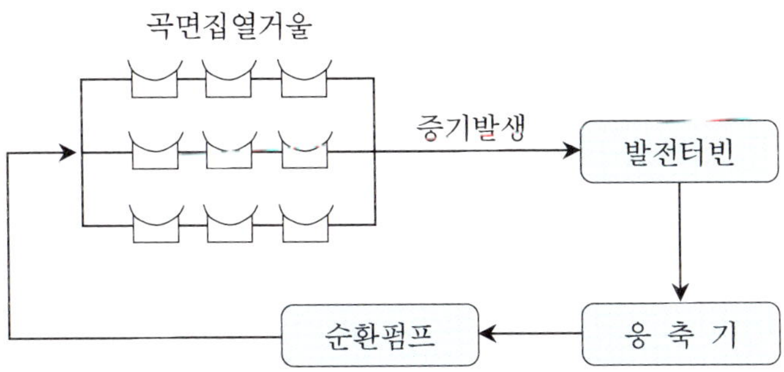

[그림 2.2] 곡면분산형 태양열 발전

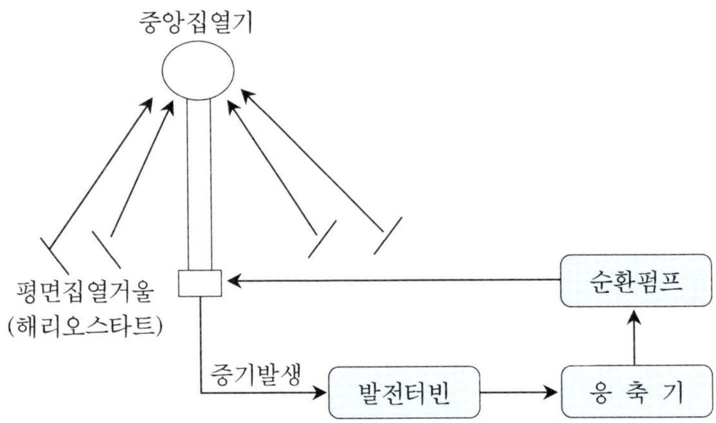

[그림 2.3] 타워집중형 태양열 발전

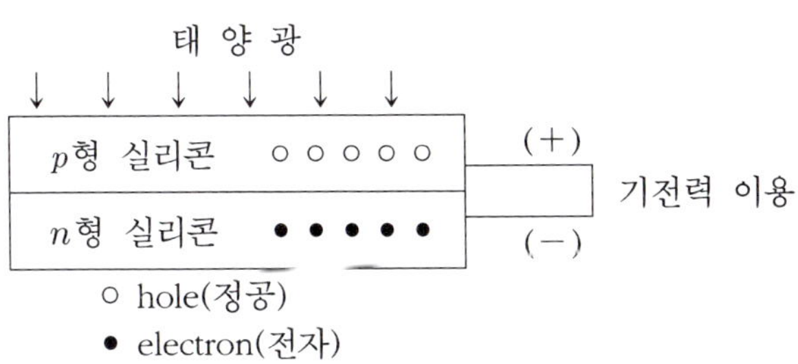

[그림 2.4] 태양전지의 기전력 발생

2.5.1 태양열에너지

태양열을 가장 단순하게 이용하는 방법은 지붕 위에 설치한 집열기를 통해 65℃ 정도로 가열된 온수를 순환하는 방법이다. 이 방법은 건축물의 개조시 비용이 들고 온수순환과 냉방시설로의 전환을 위해 화석연료를 보조에너지원으로 사용해야 한다. 그러나 태양열 축열 시스템이 다양하게 개발되고 있어 보조에너지 없이 산업용으로 이용되는 기술이 현실화되고 있다.

2.5.2 태양광에너지

태양광 발전은 집열을 통한 발전과 광기전력을 이용한 발전의 두 가지 형태가 있다. 집열방식의 발전은 곡면이나 평면거울을 이용하여 태양열을 집중시킨 후 여기서 발생되는 증기를 이용하는 발전 형태이다. 직렬 또는 병렬로 연결된 각각의 곡면거울로부터 집열되는 곡면분산형과 태양의 위치에 따라 평면거울이 따라 움직이며 중앙의 탑꼭대기에 열을 집중시키는 타워집중형이 있다.

두 가지 방식 모두 일몰 후나 흐린 날을 대비해 열의 저장과 교환시스템이 필요하다. 열저장시에는 대개 열용량이 큰 물질이나 상전이열을 이용한다. 분산형은 일반적으로 집열기의 집열비율도 낮고 배관이 길어 열수송률이 나쁘지만 집열기는 소형이어서 장소에 상관없이 설치가 용이하여 소규모 발전에 적합하다. 집중형은 큰 집광배율에 따른 고온의 열에너지를 쉽게 얻을 수 있고 열수송률도 높다. 다만 평면거울들의 자동 방향조절에 필요한 정밀기계장치와 반사경의 제조 및 유지에 상대적으로 큰 경비가 필요하여 대규모의 발전에 유리하다. 현재 이 두 방식을 혼합한 중간형이 개발되었고, 이미 일부 국가에서는 상용화를 위해 가동중에 있다. 최근에는 사하라 사막 등의 사막지역에 대규모 태양열 발전소를 건설하는 계획이 검토되고 있다. 그러나 태양에너지의 이용법으로 가장 대표적인 것은 태양전지를 이용한 전기에너지로의 전환이다. 태양전지는 Solar cell 또는 Photo voltaic cell(PV cell)이라 하며 일상생활 용품에서부터 첨단과학 장비에까지 점차 용도가 증가하고 있다. 광기전력효과에 이용하는 반도체 소자는 n형 실리콘 위에 p형 실리콘을 설치하여 전위장벽을 유도한 것이다. 빛을 흡수하면 반도체결정 내부에서 (+)와 (−)의 전하를 생성하여 이동하므로 전극 사이에 전위차를 발생시킨다. 실리콘 태양전지의 효율은 대개 23 % 정도지만 일반 태양전지의 최근 이론적 효율은 40 %를 상회한다.

태양전지를 이용한 발전은 현재 고비용으로 인해 용도가 한정되어 있다. 그러나 향후 단결정 실리콘을 비정질 실리콘박막으로 대체하여 비용을 낮추고 대용량 축전기의 개발을 통해 범용 전력과의 호환성을 갖추게 되면 상업화된 대체에너지로서의 역할을 기대해 볼 만하다. 현재 우리나라의 경우도 충남 보령군 호도에 100 kW급 태양전지 발전소가 1000평의 대지 위에 설치되어 1700여개의 집광판과 270여개의 축전지로 구성되어 있고, 250여명의 주민에게 24시간 전력을 공급할 뿐 아니라 흐린 날에도 3일간 연속적인 전력을 공급할 수 있다. 현재 충남 태안에는 국내 최대 규모의 태양발전소가 상업적으로 운용되고 있으며 연간 19 GW의 전력을 생산하고 있다. 태양전지의 세계적 수요는 2000년 이후 매년 30 % 이상 성장하고 있다. 실리콘 코팅 박막 태양전지와 플라스틱 태양전지 및 유리창에 코팅된 염료를 이용하여 발전하는 염료감응태양전지 등의 실용화를 통해 그 전망은 매우 밝다고 할 수 있다.

2.5.3 바이오에너지

바이오에너지는 생체에너지(bioenergy)를 뜻하며, 구체적으로 에너지화할 수 있는 생물의 집합체를 의미한다. 단순하게는 식물이 광합성을 통해 유기물을 축적하거나 목재를 연료로 사용하는 것, 또는 콩이나 사탕수수를 발효시켜 연료목적의 알코올을 생산하는 것과 농축한

폐기물을 혐기성 분해과정을 통해 메테인가스 제조에 이용하는 것들이 여기에 속한다. 미국의 경우 현재 전체 에너지 총소비량의 4%가 바이오매스에너지에 의존하고 있다. 톱밥이나 나무의 직접연소가 가장 큰 비중을 차지하고 있으나 잉여 농산물의 발효를 통해 생산한 알코올을 가솔린과 혼합시켜 자동차 연료(가소홀, gasohol)로 이용하기도 한다. 특히 브라질 등 남미의 농업국가들은 사탕수수를 이용한 바이오메탄올의 최대 수출국으로 부상하고 있으며 유가가 배럴당 25달러 이하로 떨어지지 않는 한, 에탄올 경쟁력은 유지될 것으로 본다. 2010년 이후 유럽연합(EU)은 자동차용 연료의 5.75%를 바이오 연료가 차지하도록 하고 있다. 그러나 여기에도 상반된 우려가 있다. 식물성 기름인 옥수수, 콩, 사탕수수 등을 이용하여 에너지소비용 알코올을 생산하는 것은 전 세계적 식량난의 원인으로 작용할 가능성이 있다는 점이다. 따라서 인간의 식량 자원이 아닌 식물성 셀룰로오스를 분해하여 알코올을 생성할 수 있는 효소의 개발에 관한 연구가 활발히 진행되고 있으며, 흰개미 류의 곤충으로부터 추출할 수 있는 미생물들이 그 대상이 되고 있다. 이 밖에도 우뭇가사리를 발효하여 알코올을 얻는 방법 등도 국내 기술진들에 의해 개발중이다. 또한 바이오매스 중 어떤 미세 조류는 열용량이 높고, 미래에너지원으로 많은 연구가 진행되고 있는 수소를 발생시키기도 하는데 대량화와 경제성만 해결된다면 현재의 자동차 엔진은 전부 수소엔진으로 바뀔 것이다. 또한 최근 일본에서 개발된 광합성미생물전지와 같이 미생물을 이용하여 광합성으로 축적된 탄수화물을 전기에너지로 변환시킴으로써 사용가능한 에너지의 확보뿐만 아니라 지구환경보존에도 큰 영향을 끼칠 수 있다.

최근 대체 석유자원으로 주목받는 천연디젤유(natural diesel fuel, NDF)는 식물에서 얻는 자동차용 연료를 말한다. 에스테르화반응(esterification)을 통해 식물성 기름으로부터 글리세린 성분을 메탄올로 전환시켜 지방산 메틸에스테르를 생성시킨 것이다. 천연디젤유는 독일과 일본 등지에서 자동차용 디젤유로 실용화되고 있으며 원료

식물성 기름은 유채유가 일반적이나 폐식용유를 이용할 수도 있다.

NDF는 연소시에 황산화물의 방출이 없고 발생 이산화탄소량의 90 % 이상이 원료 식물의 성장과정에서 제거된다. 화석연료의 채굴과 사용에 따른 다양한 형태의 환경오염 문제를 발생시키지 않는다는 장점을 고려한다면 경제성 또한 높은 편이다.

따라서 바이오매스에너지는 그 개발분야가 다양하고 기대되는 효과 또한 매우 크므로 지속적인 연구개발이 필요하다.

2.5.4 풍력에너지

풍력에너지는 공해가 적은 미래의 에너지원이고, 최근 그 비중이 증대되고 있다. 미국의 경우 2050년까지 전체 발전용량의 35 % 이상을 풍력에너지에 의존하는 계획이 진행중이고, 선진국 여러 나라에서 1 MW급 대형 풍력발전기 개발에 노력을 기울이고 있다. 발전용량에 따라 100 kW 미만은 소형, 100～1000 kW는 중형, 1 MW 이상은 대형으로 구분한다. 현재는 200～300 kW급이 실용화되어 있다. 풍력발전은 풍차가 바람을 받아 발전기를 돌리는 형태로 일정한 세기와 일정한 방향의 바람이 필요하다. 따라서 태양에너지의 이용과 마찬가지로 풍력 역시 에너지의 공급이 간헐적이므로 대용량의 축전시스템이 필수적인 요소이고, 보조 에너지원으로서의 역할이 가장 손쉬운 이용법이다. 풍력발전기는 풍차에 연결된 축의 방향에 따라 수평축을 가진 수평형과 수직축을 가진 수직형으로 구분하는데 90 % 이상이 수평형이다. 우리나라에서는 제주도 등지에서 볼 수 있는 수평형은 탑상부에 장착된 프로펠러가 바람 방향을 향하게 되어 있다. 그러나 수직형은 회전판이 지면에 있는 발전기에 직접 고정된 형태이며, 바람 방향에 영향을 받지 않는 장점은 있으나 시동을 위한 보조 동력이 필요하다는 단점도 있다. 또한 어떤 형태이든 풍력발전의 공통된 약점은 발전용량이 작고 강풍시 구조적인 취약성을 가진다는 점이다.

2.5.5 수력에너지

수력에너지는 물의 낙차를 이용하여 전력을 생산하는 방식의 에너지이며 댐식, 수로식, 댐수로식, 양수식의 네 종류로 구분된다. 댐식은 댐을 막아 상하류의 수위차를 발생시켜 발전하는 형태이며, 수로식은 경사와 굴곡이 심한 하천의 굴곡부 상류층에서 하류쪽으로 직선 수로를 설치하여 발전한다. 댐수로식은 두 방식의 기능을 혼합한 형태로서 하천의 중상류지역에 적합하다. 양수식은 심야의 값싼 전력을 이용하여 아래쪽 저수지의 물을 상부저수지로 양수한 후 주간에 이 물을 다시 하부저수지로 방출하면서 발전하는 형태이다. 수력에너지는 공해를 발생시키지 않고 에너지 공급이 지속적이라는 장점이 있으나 초기 건설비가 많이 든다는 것이 단점이다.

2.5.6 지열에너지

지구는 지표면으로부터 땅속으로 들어갈수록 온도가 올라가며 100 m씩 깊어질수록 3℃ 정도 상승한다. 지열에너지의 이용은 깊이 2～3 km 이내의 지하 지층 내의 열수를 이용하여 건물이나 지역의 난방을 제공하는 방식과 지상으로부터 공급된 물이 지열에 의해 수증기로 바뀌어 발전터빈을 돌리는 두 가지 형태가 있고, 후자의 경우가 대표적이다. 지열발전의 경우 핵발전이나 화석연료를 이용한 화력발전에 비해 상대적으로 저렴한 비용으로 전력을 생산할 수 있다. 지열발전은 화산활동이 왕성한 지역의 국가에 더욱 유리하여 환태평양화산대(ring of fire)에 위치한 미국, 멕시코, 엘살바도르, 뉴질랜드, 일본 등과 함께 이탈리아, 인도네시아에서 많이 이용되고 있다. 2016년의 경우, 아이슬란드는 국가 전체 발전량의 30 % 이상에 해당되는 575 MW 정도를 지열발전에 의존하고 있다. 미국은 발전량의 0.3 %인 3086 MW를 지열발전에서 얻고 있다. 일본은 2016년 기준 525 MW의 지열발전용량을 갖추고 있어 전체 전기에너지 소비량의 0.1 %를 충당하고 있다. 저렴한 에너지의 안정적 공급이라는 장점의 지열발전도 몇 가지 문제점을 가지고 있다. 그 첫째는 지하로부터 분출된 유독가스와 중금속오염을 들 수 있는데 황화수소와 비소가 그 대표적인 물질이다. 두 번째는 열수 분출에 따른 지반침강이나 진동문제가 있고, 그 외에도 산성증기에 의한 장치부식과 부속시설에 의한 환경파괴 등을 들 수 있다.

2.5.7 해양에너지

해양에너지는 미래 저공해 에너지원으로 크게 조력에너지(tidal energy), 파력에너지(wave energy), 해양온도차발전(ocean thermal energy conversion, OTEC)의 세 가지 이용형태가 있으며, 해류의 흐름을 이용한 해류발전도 여기에 포함시킬 수 있다.

조력발전은 밀물과 썰물의 조수현상을 이용한 발전으로 이미 1968년부터 프랑스의 랑스에서 발전용량 240 MW의 발전소가 가동중에 있다. 조수 간만의 차가 최대 13.5 m인 랑스의 경우에서 보듯이 조력발전을 위한 입지 조건은 큰 조수 간만의 차를 가져야 하고, 대규모 저수지를 하구에 건설할 수 있어야 한다. 조력발전소의 건설은 초

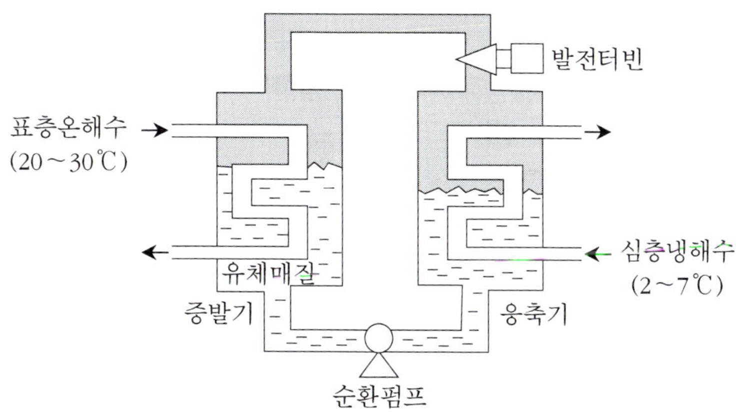

[그림 2.5] 해양온도차발전 시스템

기 건설비가 수력발전에 비해 비싸지만 오염물질 방출이 없고, 운용시 추가적인 연료공급이 필요하지 않다는 장점이 있어 에너지원이 빈약한 해안지역의 전력공급에 적합하다.

국내의 경우, 2011년 8월에 완공된 시화호 조력발전소는 세계 최대 발전 용량의 랑스 조력발전소의 240 MW 발전용량을 넘어서는 254 MW 규모이다. 이것은 면적이 축구 경기장 20개 정도이며, 깊이는 26.5 m로서 50만 가구가 사용할 수 있는 전력을 생산할 수 있다.

파력에너지는 파도의 힘을 이용하여 발전하는 형태이다. 파도의 높이와 속도에 따라 파도의 상하운동 및 전후운동이 모두 발전터빈의 전면에 전해지면 그 압력이 공기를 밀어 터빈을 회전시키게 되어 있다. 지속적 바람과 해안선이 긴 영국의 경우 1994년부터 이 원리를 이용한 상업용 파력발전기(ocean swell powered renewable energy, OSPREY)를 1개당 2 MW급으로 스코틀랜드 해안에 설치하여 시험운용중이며, 향후 30여개의 상업용 OSPREY로부터 자국 전력수요의 10%인 6000 MW를 생산할 계획이다. 일본은 1997년부터 540 MW급 파력발전소(mighty whale)를 운용중이고 우리나라의 경우 동해안 지역을 대상으로 타당성만을 조사하고 있다.

해양온도차발전(OTEC)은 해양의 표층부 온해수와 심층부 냉해수의 온도차를 이용하여 전력을 생산하는 방식이다. 이 방법은 1993년에 건설되어 가동중인 미국 하와이의 210 KW급 발전소가 대표적이다. 열대권 지역의 경우 해양 표층부의 수온이 섭씨 20~30℃ 정도이며, 수심 700~1000 m 부근의 수온은 2~7℃ 정도이다. 이 온도차를 이용하여 기화하기 쉬운 물질인 암모니아 또는 암모니아수용액의 유체 매질을 온해수로 증발시키고 냉해수로 다시 응축하는 순환과정을 반복한다. 기화할 때 팽창된 부피에 의해 터빈을 돌려 발전한다. OTEC의 대표적 예는 Kalina 순환이라는 발전형태로 아직은 연구단계이며 심해 냉해수 취수관의 설치시 초기 건설비가 높은 것이 단점이다. 그러나 일본의 경우 실용화가 머지않은 상태이며 우리나라의 경우 동해의 해수온도차가 크므로 고려해볼 만하다.

이 밖의 해양에너지로는 해류발전을 들 수 있다. 멕시코 만류를 이용하는 미국과 쿠로시오 해류를 이용하는 일본이 시험 발전에 성공했고, 상업적인 발전은 현재 개발중에 있다. 해류발전은 일정한 유속의 해류가 있어야 하며 발전시설이 해상에 대규모로 건설되어야 하는 제약조건이 있지만 가동비용이 기존의 핵발전이나 화력발전에 비해 지극히 저렴하여 미래 해양에너지 자원으로서 가치를 지니고 있다.

우리나라의 경우 전남 해남군 울돌목에 2008년부터 시험용 조류발전을 하고 있으며 상용화 조류발전을 통해 이곳에서는 9만 kW의 전력 생산을 계획하고 있다.

2.5.8 폐기물에너지

사업장이나 가정에서 발생한 가연성 폐기물을 다양한 방법으로 가공처리하여 고체, 액체, 기체 등의 연료형태로 사용가능케 한 재생에너지를 뜻한다. 국내외적으로 상용화된 가장 큰 부분은 성형고체연료, 폐유 정제유, 플라스틱 열분해 연료유, 폐기물 소각열 등이 있다. 성형고체연료는 종이나 나무 등 가연성 폐기물을 파쇄, 건조, 성형시킨 고체 연료로서 흔히 RDF(refuse derived fuel)라고 한다. 폐유 정제유는 폐유를 다양한 방법으로 정제하여 생산한 재생유를 가리키며, 이 밖에도 플라스틱 등의 고분자 폐기물을 열분해하여 얻은 플라스틱 열분해 연료유와 폐기물 소각에 따른 소각열을 이용하는 폐기물 소각열이 있다.

미국과 일본의 경우 RDF를 이용한 화력발전소가 가동중이며 유럽은 제품화한 RDF의 국가간 거래가 이루어지고 있다. 또한 독일과 일본에서는 폐플라스틱 열분해 기술이 상용화되어 있으며 폐유정제 기술과 소각열 이용기술 등도 미국과 일본 및 유럽에서 상업적으로 이용되고 있다.

이 밖에도 농업폐기물인 축산물 분뇨와 하수처리 폐기물인 슬러거를 이용해 메테인가스를 생산하는 것도 넓은 의미로는 여기에 속한다 할 수 있다. 특히 고체폐기물 매립지에서 유기물질이 혐기성 분해 과정을 거쳐 발생하는 매립지가스(land fill gas, LFG)는 메테인가스와 이산화탄소가 주성분이어서 직접연소가 가능한 에너지 자원이다. 매립 후 2~3년 시점에 발생량이 최대이며 매립 후 20~30년까지 발생이 지속된다.

2.5.9 연료전지

연료전지는 연료의 화학에너지를 전기에너지로 바꾸는 에너지 전환 장치이다. 즉 연료가 공급되는 한 계속해서 전기를 만들어 낼 수 있는 발전 시스템이다. 주된 연료는 수소와 산소이며 수소의 발생을 위해 천연가스, 메탄올, 가솔린 등이 이용되고, 산소는 공기 중 산소를 사용한다. 연료전지의 원리는 수소와 산소의 반응에 의해 생성된 전자의 이동으로 설명할 수 있다.

수소 → [연료전지] → 전기에너지
산소 → [연료전지] → 열, 물

$$H_2 \longrightarrow 2H^+ + 2e^- \tag{2.5}$$

$$\frac{1}{2}O_2 + 2H^+ + 2e^- \longrightarrow H_2O \tag{2.6}$$

$$H_2 + \frac{1}{2}O_2 \longrightarrow H_2O \tag{2.7}$$

연료전지의 종류는 다양하며 저온형 연료전지로는 알칼리 연료전지(alkaline fuel cell, AFC), 고분자 전해막 연료전지(polymer electrolyte membrane fuel cell, PEMFC), 인산형 연료전지(phosphoric acid fuel cell, PAFC), 메탄올형 연료전지(direct methanol fuel cell, DMFC) 등이 있다. 고온형 연료전지는 대용량 화

력발전소 대체용으로서 용융탄산염 연료전지(molten carbonate fuel cell, MCFC)와 고체산화물연료전지(solid oxide fuel cell, SOFC)가 대표적이다.

연료전지는 수소사용에 따른 약간의 불편함에도 불구하고 에너지 이용시 환경오염물질이나 소음발생이 없으며 높은 에너지 효율성과 다양한 적용성의 장점이 있다.

2.5.10 석탄액화가스화

석탄이 고체연료이기 때문에 가지는 사용상의 문제점들을 해결하기 위한 방법이 석탄의 가스화(coal gasification)와 액화(coal liquefaction)이다. 현재 석탄의 가스화는 많은 연구가 진행되고 있다. 일부 유럽 국가에서 실용화하고 있는 방법은 식 (2.8)과 같이 메테인 기체로 전환하는 것이다.

$$\mathrm{C}(\text{석탄}) + 2\mathrm{H_2}(g) \longrightarrow \mathrm{CH_4}(g) \tag{2.8}$$

여기에 필요한 수소기체는 물의 수소원자를 이용하고, 식 (2.9) 및 (2.10)과 같이 얻는다.

$$\mathrm{C}(\text{석탄}) + \mathrm{H_2O}(g) \longrightarrow \mathrm{CO}(g) + \mathrm{H_2}(g) \tag{2.9}$$

$$\mathrm{CO}(g) + \mathrm{H_2O}(g) \longrightarrow \mathrm{CO_2}(g) + \mathrm{H_2}(g) \tag{2.10}$$

결과적으로 메테인기체 1몰을 생성할 때 식 (2.8)과 (2.9)에서 석탄 2몰을 소비해야 한다. 이때 효율은 50 %밖에 되지 않으나 메테인기체의 발열량은 석탄의 탄소에 비해 두 배 정도이므로 이론적으로는 에너지의 손실이 없다. 또한 이 과정은 부반응으로 $\mathrm{H_2S}$를 얻을 수 있어 CaS 형태로 고체화시킨 후 황산제조의 원료로 이용할 수 있는 장점이 있다.

$$S(s)+H_2(g) \longrightarrow H_2S(g) \tag{2.11}$$

$$H_2S(g)+CaCO_3(g) \rightleftharpoons CaS(s)+CO_2+H_2O(g) \tag{2.12}$$

또한 석탄의 액화는 촉매 존재하에서 탄소로부터 직접 액체 파라핀계 탄화수소를 제조하거나 식 (2.9)에서 생성된 CO를 이용하여 액체 파라핀계 탄화수소 또는 메탄올을 제조하기도 한다.

$$n\mathrm{C}(\text{석탄})+(n+1)\mathrm{H}_2 \xrightarrow{\text{촉매}} \mathrm{C}_n\mathrm{H}_{2n+2} \tag{2.13}$$

Fisher-Tropsch 반응 :

$$n\mathrm{CO}+(2n+1)\mathrm{H}_2 \xrightarrow{\text{촉매}} \mathrm{C}_n\mathrm{H}_{2n+2} \tag{2.14}$$

$$\mathrm{CO}+2\mathrm{H}_2 \xrightarrow{\text{촉매}} \mathrm{CH_3OH} \tag{2.15}$$

석유의 등장과 함께 에너지원으로서의 이용도가 감소했던 석탄은 최근 다시 가스화 및 액화에 관한 관심과 함께 전 세계적인 고른 분포와 매장량으로 인해 미국과 중국을 위시한 에너지 최대 소비국가들에게 그 가치가 새롭게 인식되고 있다. 특히 유가상승으로 인해 배럴당 40달러 이상의 원유가격이 유지된다면 석탄의 가스화 및 액화를 통해 경제성 있는 연료를 얻을 수 있으므로 이에 관한 투자와 상용화 실험이 각국에서 활발히 진행되고 있다. 그중 통합가스화병합순환(integrated gasification combined cycle, IGCC)이나 가압유동상연소(pressurized fluidized-bed combustion, PFBC)의 기술은 상용화에 대한 기술적인 어려움이 거의 없으며 수십억 달러가 필요한 초기 투자비용만이 작은 문제로 남아 있다. 그러나 이 방법들은 연소가스 내 이산화탄소를 회수할 수 있는 장점이 있어 독일의 경우 2006년 5월에 이산화탄소가 100 % 회수되는 시설의 시험가동에 성공하였고 2008년 상업적 가동을 시작하였다. 따라서 전력소비량이 큰 국가들은 현재 이런 방법들을 대규모 전력생산과 함께 온실가스 규제에도 자유로운 친환경적 에너지공급원으로 인식하고 있다.

2.5.11 수소에너지

수소에너지(hydrogen energy)는 수소의 형태로 에너지를 저장하고 사용할 수 있도록 한 대체에너지 전체를 가리킨다. 수소는 연소시 산소와 결합하여 다시 물로 환원됨으로써 환경오염물질의 방출이 없고 쉽게 에너지를 이용할 수 있는 점이 장점이다. 수소 가스의 사용에 있어서 주된 관심거리는 그 저장법에 있다. 합금을 이용하여 금속수소화물 형태로 하거나 탄소나노튜브 또는 합성제올라이트 내 동공(cavity)을 이용하기도 한다. 수소에너지의 직접적 이용은 주로 연료전지 형태가 대표적이며 수소자동차에 적용된다. 그러나 수소에너지는 수소기체의 생산과 저장상의 불편함 그리고 폭발위험성 등의 단점도 가지고 있다. 그러나 사회적 수소 인프라 구축을 전제로 한 수소에너지 상용화 기술은 매우 높은 실용성을 현재 나타내고 있다. 향후 석유시대의 종말이 수소시대의 도래를 의미하게 된다고 보는 견해들이 있다. 이런 관점에서 가장 대표적인 저서는 미래학자 제레미 리프킨이 2002년 저술한 『수소경제(The hydrogen economy)』이다.

신재생에너지는 화석연료와 핵에너지의 사용상 제한성으로 인해 향후 그 비중이 커질 수밖에 없다. 국내의 경우 1988년 이후 약 20년간 약 1,300억원의 연구투자가 진행되었으며, 수소연료전지, 풍력, 태양광 분야에 집중되었다. 이를 통해 정부는 2016년 기준 전체 1차 에너지 소비의 4.8% 수준인 신재생에너지 보급률을 2030년까지 11%로 증대시킨다는 계획이다.

CHAPTER 3

공기

3.1 공기의 조성과 대기권 구조

대기의 조성은 변해 왔으며 현재 깨끗한 건조공기의 경우 부피 비율로 질소(N_2) 78 %, 산소(O_2) 21 %, 아르곤(Ar) 0.9 %, 이산화탄소(CO_2) 0.036 %이고, 미량 성분으로 메테인(CH_4), 수소(H_2), 염화플루오린화탄소(CFC), 영족기체(noble gas)들이 있다. 또한 자연의 대기 중 수증기는 극지방의 0.01 %로부터 5 % 가까운 적도 지역까지 다양한 분포를 나타낸다. 지구를 둘러싸고 있는 대기권은 태양광선의 흡수율에 따라 기온분포가 서로 다른 네 개의 공기층으로 나눈다.

대기의 75 % 정도가 밀집되어 있는 대류권(troposphere)은 적도 지역에서 약 17 km, 극지방에서는 8 km 정도의 두께를 가지며 왕성한 대기순환으로 인해 기상현상의 대부분이 진행되는 구역이다. 대류권은 지표로부터의 열방사에 의해 아래쪽은 따뜻하고 고도가 높아질

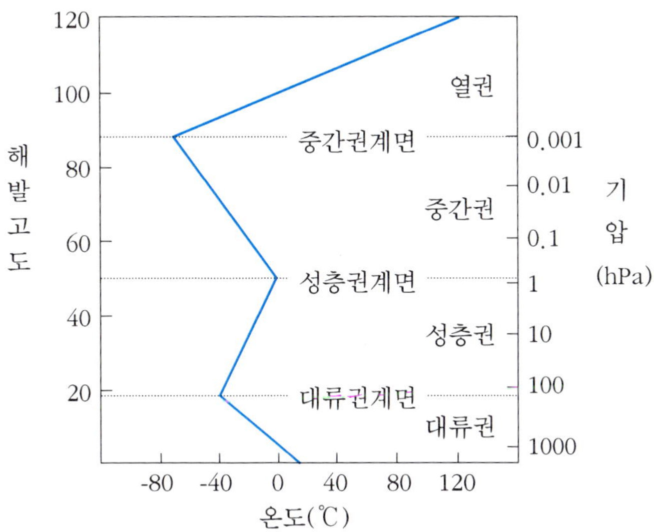

[그림 3.1] 대기권의 구조와 기온변화

수록 온도가 내려가는 기온분포를 가진다. 고도에 따른 온도감소비율은 기온감률(lapse rate)이라 한다. 건조한 공기의 대류권 내 이론적 기온감률은 9.8 K/km이지만 수분을 함유한 일반 공기의 기온감률을 나타내는 습윤단열기온감률(moist adiabatic lapse rate)은 물이 가지는 큰 열용량으로 인해 −6 K/km 정도이다. 그러나 대류권계면(tropopause)을 지나면 해발 48 km까지 고도가 높아질수록 다시 기온이 올라간다. 이는 오존(O_3)이 태양광선 중 근자외선 영역의 빛을 흡수하기 때문이며, 이 권역을 성층권(stratosphere)이라 한다. 또한 해발고도 90 km까지를 중간권(mesosphere)이라 하고, 고도가 높아질수록 기온도 내려간다. 그러나 중간권계면(mesopause)을 지나면 대기 구성성분들이 원자나 이온상태로 존재하는 열권(thermosphere)이 있다. 해발 17∼48 km 사이의 성층권은 대류권에 비해 공기밀도도 낮지만 대류현상이 미치지 못하므로 수증기가 거의 없다.

그러나 태양광선 중의 자외선이 산소기체와 반응하여 오존을 연속적으로 생성시키고, 생성된 오존분자는 구조적 불안정으로 인해 일부가 소멸되어 성층권 내에는 항상 일정한 농도의 오존층이 유지된다. 이 오존층이 태양광선으로부터의 자외선을 흡수하여 유해한 자외선이 지표면에 도달하는 것을 막아준다. 또한 안정적인 온도분포를 가진 성층권은 강우현상이 없을 뿐만 아니라 대류권과는 달리 대기의 수직적 혼합이 없고, 수평적 이동만이 있어서 이 영역에 유입된 오염물질은 체류기간이 길어지고 전 지구적으로 확산되는 경향이 크다. 또한 성층권의 희박한 공기밀도는 비행기의 공기저항을 작게 하므로 고속 비행기들의 주된 비행고도로 이용한다. 이로 인해 심각한 대기 오염문제가 발생하고 있다.

3.2 기온역전

대류권계면에서는 대류권과 반전된 성층권 기온분포를 볼 수 있다. 이런 현상이 대류권 내에서 소규모로 나타낼 때가 있다. 이런 경우를 기온역전(temperature inversion) 또는 열역전(thermal inversion)이라 하고, 차갑고 무거운 기체가 아래쪽에 위치함으로써 공기의 수직적 흐름이 없고 정체된 상태가 계속된다. 기온역전층의 생성은 전선역전(frontal inversion), 훈증(fumigation), 침강역전(subsidence inversion) 등 여러 형태가 있으나 대개 해가 뜨거나 일사량이 증가하면 소멸된다. 간혹 장시간 기온역전층이 소멸되지 않는 경우 오염물질의 수직 확산이 차단되어 심각한 피해를 입게 된다. 1948년 미국 도노라 마을의 대기오염사건은 5일 동안 계속된 기온역전현상 때문에 제련공장과 황산공장에서 방출된 유독물질들이 농축되어 20명이 사망하고 주민의 절반 가까운 6000여명이 피해를 경험했다.

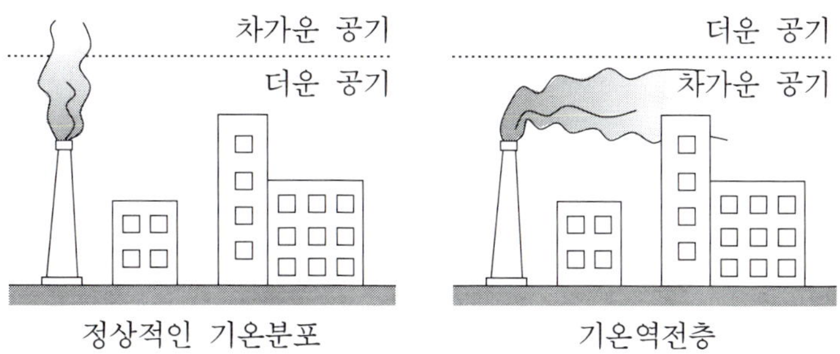

[그림 3.2] 기온역전층의 구조

3.3 오존과 CFC

오존은 산소원자 3개의 결합으로 이루어진 불안정한 기체분자이며 산소기체분자(O_2)와 산소원자(O)로 쉽게 분해된다. 살균력이 강하고 물에 대한 용해도는 지극히 낮아 수돗물의 소독에 사용되기도 하지만 강한 산화력 때문에 다른 대기오염물질과 다양한 화학반응을 일으킨다. 성층권에서의 자외선 차단작용과 달리 대류권에서는 직접 광화학스모그의 형성에 원인물질로 작용하거나 산성비 형성에 영향을 주기도 한다. 대기권 내 총오존량은 수십년간 변함이 없으나 고도별로 볼 때 불행하게도 성층권에서 오존량은 감소하고 있으며, 대류권에서는 오히려 증가하고 있다. 앞 절(3.1)에서 오존(ozone, O_3)이 성층권에서 자외선에 의해 생성되어 일정한 농도를 유지하고 있음을 이야기한 바 있다. 대기권 내 존재하는 총오존량의 90%를 차지하는 성층권 오존은 태양으로부터 자외선을 흡수하고, 지표에서 살아가는 인간과 동·식물을 보호해 주는 역할을 한다. 성층권 오존층의 농도가 1% 감소하면 남반구 지역에 거주하는 사람들의 피부암 발생이 3% 증가한다는 것이다. 또한 백내장의 증가와 면역기능 저하뿐만 아니라, 동·식물의 유전정보물질인 DNA 분자도 자외선에 의해 쉽게 손상될 수 있음이 밝혀져 있다. 그러나 대류권 내의 오존은 대기권 전체 오존 농도의 10% 정도이고, 광화학스모그의 발생시 강한 산화제로 작용하여 스모그의 생성을 촉진시킨다.

오존의 생성

$$O_2 \xrightarrow[180 \sim 240\,\text{nm}]{\text{자외선}} O + O \tag{3.1}$$

$$O_2 + O \longrightarrow O_3 \tag{3.2}$$

오존의 분해

$$O_3 \xrightarrow[200 \sim 320\,nm]{\text{자외선}} O_2 + O \tag{3.3}$$

$$O + O_3 \longrightarrow 2O_2 \tag{3.4}$$

최근 성층권 오존 농도의 감소가 지속되어 이에 관한 관측과 대책을 위한 노력이 활발히 진행되고 있고, 남극상공에서의 오존층의 파괴는 심각하여 오존홀이 보고되고 있다. 오존분자의 분해반응을 진행시키는 가장 대표적인 물질이 염화플루오린화탄소(chlorofluorocarbon, CFC)이고, 그 다음이 질소산화물(nitrogen oxides, NOx)이며 소화용제로 사용되는 할론가스도 무시할 수 없다. 프레온가스 또는 염화플루오린화메테인(chlorofluoromethane, CFM)이라고도 불리는 CFC는 염소, 플루오린, 탄소를 여러 형태로 결합시켜 제조한 합성물질이며, $CFCl_3$, CF_2Cl_2, CCl_3CF_3 등 다양한 종류의 분자들을 포함하고 있다(CFCs로 표기하기도 한다).

CFC가 지닌 화학적 안정성과 큰 기화력은 인체의 무독성과 함께 폭넓은 용도를 제공하여 냉장고나 에어컨의 냉매, 스프레이 종류의 분사제, 전자제품의 세척제, 플라스틱 제조시 발포제 등 다양하게 이용되고 있다. CFCs의 구분을 위해 $CFCl_3$는 CFC-011, CF_2Cl_2는 CFC-012, CCl_3CF_3는 CFC-113, $CClF_2CClF_2$와 $CClF_2CF_3$는 각각 CFC-114 및 CFC-115로 나타낸다. 이때 세 자리 숫자 중 첫 번째 숫자는 분자 내 탄소 개수에서 1을 뺀 값이며, 0일 경우 표기하지 않고 CFC-011은 CFC-11로, CFC-012는 CFC-12로 표현하기도 한다. 두 번째 숫자는 분자 내 수소원자의 개수에 1을 더한 값이며 마지막 숫자는 플루오린원자의 개수를 나타낸다.

인간활동의 결과로 대류권에 방출된 CFC는 오랜 시간이 경과된 후 결국 성층권에 도달하여 자외선에 의한 분해반응으로 반응성이 큰 염소라디칼을 생성한다.

$$CF_xCl_y \xrightarrow[200\,nm]{\text{자외선}} CF_xCl_{y-1} + \cdot Cl \qquad (3.5)$$

이 염소라디칼 1개가 식 (3.6)과 (3.7)의 순환과정을 반복함으로써 오존분자를 산소분자로 분해하여 소멸시킨다.

$$\cdot Cl + O_3 \longrightarrow \cdot ClO + O_2 \qquad (3.6)$$

$$\cdot ClO + O \longrightarrow O_2 + \cdot Cl \qquad (3.7)$$

그러나 식 (3.6)에서 생성된 ClO 중 일부는 다행스럽게도 대기 중의 NO_2와 반응하여 $ClONO_2$를 형성한 후 강우를 통해 제거되므로 성층권 오존 소멸속도를 감소시켜 준다.

$$ClO + NO_2 \longrightarrow ClONO_2 \qquad (3.8)$$

$$ClONO_2 + H_2O \longrightarrow HOCl + HNO_3 \qquad (3.9)$$

이 과정은 식 (3.9)에서와 같이 질산성분을 생성시킴으로써 산성비 생성의 한 가지 원인을 제공하고 있으며 강수현상이 활발하지 못한 늦겨울에는 이 과정의 진행 또한 빠르지 못하여 가장 심한 성층권 오존고갈을 나타내기도 한다. 화산활동을 통해 성층권으로 유입된 염소분자(Cl_2)도 광분해반응을 통해 염소라디칼을 생성하여 성층권 오존 농도를 감소시키는 데 영향을 끼친다.

$$Cl_2 \xrightarrow[300\sim400\,nm]{\text{자외선}} 2 \cdot Cl \qquad (3.10)$$

성층권 오존 농도의 감소에 CFC 다음으로 큰 영향을 주는 물질은 일산화질소(NO)이다. NO는 성층권을 비행하는 초음속여객기(supersonic transport, SST)들로부터 분출되거나 지표면의 미생물작용에 의해 생성된 N_2O가 분해되지 않고 성층권까지 확산된 후 산소원자에 의해 산화되어 발생한다. 성층권의 일산화질소는 식 (3.11)과 (3.12)의 과정을 반복하여 결과적으로 오존을 산소분자로 분해한다.

$$NO + O_3 \longrightarrow NO_2 + O_2 \tag{3.11}$$

$$NO_2 + O \longrightarrow O_2 + NO \tag{3.12}$$

또한 성층권 내의 질소화합물은 식 (3.9)에서 생성된 HOCl이 광분해하여 생긴 수산기라디칼과 반응하여 아질산 또는 질산을 형성한 후 산성비의 원인이 되기도 한다.

$$HOCl \xrightarrow{\text{자외선}} \cdot OH + Cl \tag{3.13}$$

$$NO + \cdot OH \longrightarrow HNO_2 \tag{3.14}$$

$$NO_2 + \cdot OH \longrightarrow HNO_3 \tag{3.15}$$

1987년 CFC의 사용을 제한하자는 몬트리올 의정서가 채택된 이후 선진국을 중심으로 한 여러 나라에서 CFC 대체물질의 개발에 많은 노력을 기울였다. 1992년 몬트리올 의정서에 가입한 우리나라도 CFC의 국민 일인당 연간 사용량이 0.3 kg 이내로 제한을 받고 있어 이에 관한 연구가 진행되고 있다. 대표적인 대체물질로서 수소염화플루오린화탄소류(HCFCs)와 수소플루오린화탄소류(HFCs)를 들 수 있다. HCFCs의 종류로는 HCFC-22($CHClF_2$), HCFC-123($CHCl_2CF_3$), HCFC-141(CH_3CCl_2F), HCFC-124($CHClFCF_3$) 등이 있다. 이것들은 분자 내 탄소-수소 결합(C−H)을 가지고 있고, 가격이 기존 CFC에 비해 비싸다는 점이 공통적이다. 또한 수소플루오린화탄소는 PFC (perfluoro carbon)라고도 하며, 탄소와 플루오린으로만 강력하게 결합된 분자들로서 기존의 CFC보다 더욱 안정하다. HCFCs 화합물들의 오존파괴능력은 분자 내 수소원자가 없는 일반적인 CFC에 비해 현저히 낮으며 CFC-11의 오존파괴능력을 1.0으로 기준으로 한 상대적인 세기는 〈표 3.1〉과 같이 매우 작다.

〈표 3.1〉 CFCs 및 HCFCs의 오존파괴능력

물질명	오존파괴잠재력	물질명	오존파괴잠재력
CFC-11	1.0	HCFC-22	0.005
CFC-12	1.9～1.0	HCFC-123	0.013
CFC-13	0.8～0.9	HCFC-141	0.10
CFC-14	0.7～1	HCFC-124	0.035
CFC-15	0.4～0.6	HCFC-124B	0.038

HCFCs의 성층권 오존파괴능력이 낮아진 것은 이 화합물이 성층권에 도달되기 이전 대류권 내에서 수산기라디칼(·OH)의 공격을 받아 쉽게 C－H 결합이 깨어져 분자 자체가 분해되기 때문이다. 또한 PFCs는 기존의 CFC보다 안정하므로 오존이 있는 성층권에서도 분해되지 않고 더 높은 층에서 분해되기 때문에 성층권 오존 농도를 감소시키지 않는다.

3.4 온실효과

태양으로부터 유입된 복사에너지의 일부가 지구 재복사의 과정에서 외계로 빠져나가지 못하고 지구 대기권 내에 머물러 대기의 온도가 점차적으로 상승되는 현상을 대기온실효과(greenhouse effect)라고 한다. 주된 원인물질은 이산화탄소(CO_2)와 메테인(CH_4), 그리고 CFC이다. 온실가스에는 CO_2, CH_4, CFC 외에도 일산화이질소(N_2O)도 포함되며 수증기도 온실효과에 영향을 끼친다. 온실가스는 대기 중 성분비가 지극히 작지만 미세한 농도증가에도 대기의 온도를 민감하게 상승시킨다. 일반적으로 태양광선 중 파장이 400～700 nm 정도의 가시

〈표 3.2〉 지구 표면의 albedo

종 류	평균 albedo(%)
일반 토양	25
수풀지역	15
설원	80
해양(위도 70°이상)	9～23
해양(위도 70°이하)	3～8

광선이 대기권에 도달하면 28 %는 먼지나 구름에 의해 반사된다. 그리고 27 %는 대기에 흡수되며 단지 45 %만이 지표에 도달하는데, 지표면에서의 반사를 통해 대기에 다시 일부 흡수되고 나머지는 우주로 되돌아간다(albedo).

이때 지구표면에 흡수된 태양에너지는 지표온도에 상응하는 열복사선 형태로 적외선을 재방사한다. 그리고 이 장파장 복사선들이 대기층을 벗어나지 못하고 대기 중의 이산화탄소와 수증기층에 흡수되어 기온을 상승시키는 원인이 된다.

대기의 주성분인 질소와 산소는 가시광선과 열복사선인 적외선에 대해서 투명하여 전혀 흡수하지 않는다.

그러나 이산화탄소와 수증기는 각각 특정한 파장의 적외선에 대한 흡수성이 있어 태양광의 입사 적외선뿐만 아니라, 지표 재복사 적

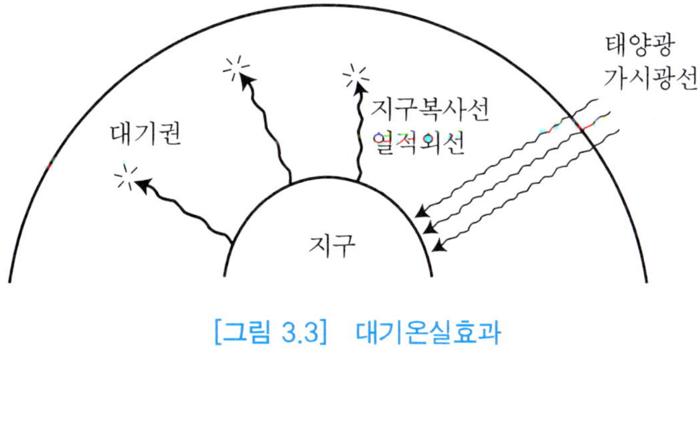

[그림 3.3] 대기온실효과

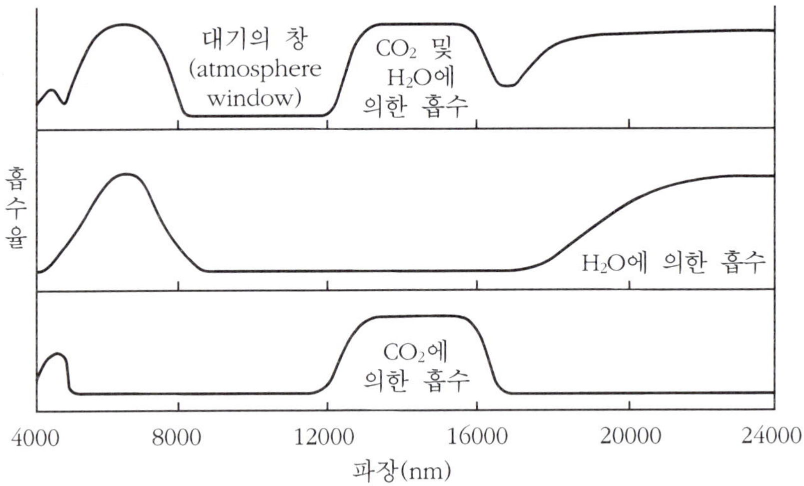

[그림 3.4] 이산화탄소와 수증기에 의한 지구복사선 흡수

외선 중 일부를 흡수하여 기온을 상승시켜 준다. 이것이 온실가스에 의한 대기온실효과의 주된 반응기구이다.

[그림 3.4]에서 보듯이 8000～13000 nm 파장(대기의 창)의 지표복사 적외선은 이산화탄소와 수증기에 의해 흡수되지 않고 대기의 창을 통해 빠져나가고 나머지 복사선들은 흡수된 후 다시 재복사를 통해 지표를 더워지게 한다. 그러나 대기 중에 CFC가 있으면 대기의 창

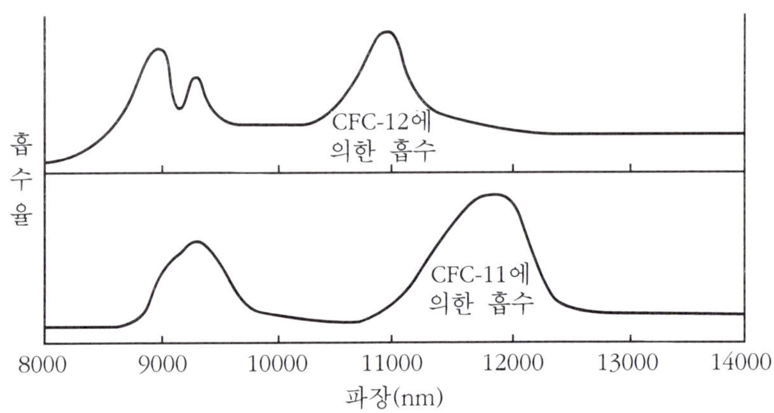

[그림 3.5] CFCs에 의한 지구복사선 흡수

에 해당되는 파장의 적외선을 CFC가 흡수하여 온실효과를 더욱 심화시킨다.

금세기의 기온변화는 전 세계적으로 꾸준히 증가하고 있으며 우리나라의 경우도 1910년경 11.5℃였던 연평균기온이 1998년에는 14.9℃로 3.4℃가 증가하였다. 1970년대에 일시적으로 나타난 기온의 하강과 정체는 교통량과 산업시설 폭증에 따른 대기 중 분진발생량의 증가에 따른 영향이다. 대기 중 부유하는 입자상 물질들은 종류에 따라 차이는 있으나 대부분 Albedo를 크게 하여 지표에 대한 일사량을 감소시키고 기온을 낮추는 효과가 있다. 과거 대규모의 화산활동이 있은 후 지구 대기의 온도가 일시적으로 낮아진 것도 같은 원인이다. 그러나 온실가스에 의한 지구 온난화는 현재에도 지속적으로 기온을 상승시키고 있으며 화석연료를 주된 에너지원으로 사용하고 있는 한 대기 중 이산화탄소의 증가를 피할 수 없다. 과거로부터의

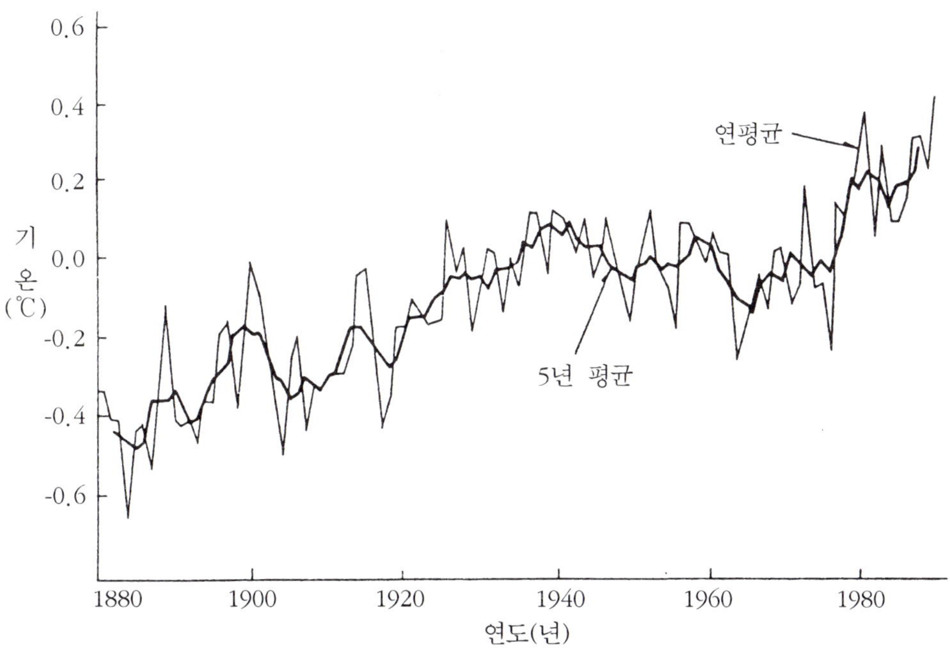

[그림 3.6] 지구 전체 연도별 기온변화

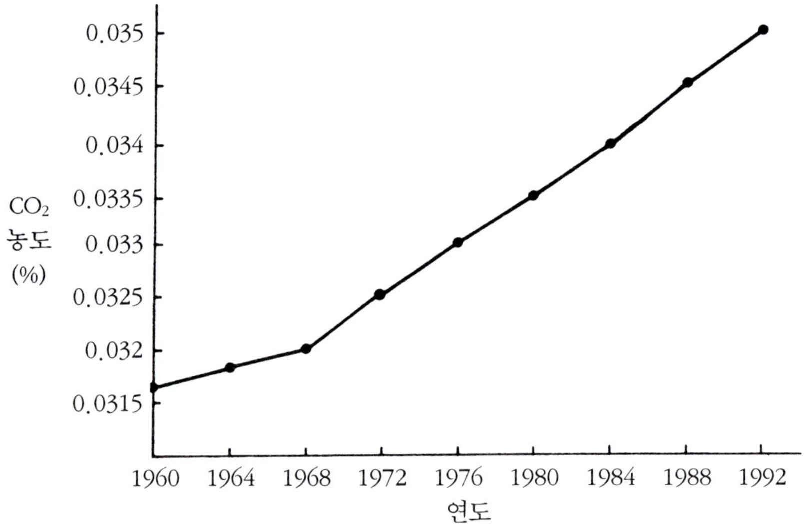

[그림 3.7] 연도별 대기 중 이산화탄소 평균농도

기온변화자료는 대기 중 이산화탄소의 농도가 10 % 증가할 때마다 약 1℃의 상승이 있음을 나타낸다. 18세기 중반 산업혁명 이전에는 0.028 % 정도였던 대기 중 이산화탄소의 농도가 1950년대에 0.031 %, 최근에 0.036 %로 증가하고 있다. 이것은 에너지 사용에 있어서 화석연료의 의존율이 높아짐에 따른 결과이며, 개발을 위한 삼림의 파괴 또한 추가적인 원인을 제공하고 있다. 아마존강 유역의 개발은 지구의 허파라고 불리는 자연림의 파괴를 동반하게 되어 지구 전체적인 이산화탄소 소멸능력을 약화시키는 결과를 낳고 있다. 미국 환경청의 최근 보고에 의하면 전 세계적인 이산화탄소 발생량은 앞으로도 계속 증가하며, 2050년경에는 현재에 비해 세 배 정도가 될 것이라 한다.

1992년 리우데자네이루 환경회의에서 채택되어 1995년까지 116개국의 동의서명을 받은 기후변화협약(convention on climate change)은 이산화탄소를 비롯한 온실가스의 배출량을 줄이기 위한 국제사회의 노력이다. 그러나 각국의 이해가 다르고 지구 전체 배출량의 1/3 이상을 차지하고 있는 개발도상국가들의 호응도가 낮아 실질적인 효과를 거두지 못하고 있다.

CO_2, H_2O, CFC 이외의 온실기체로서 CH_4와 N_2O는 기체상태에서 상대적으로 큰 열용량을 가질 뿐만 아니라 CH_4의 경우 산화반응을 통해 수증기를 발생시키므로 대기온실효과를 더욱 증대시킨다. 또한 전기전자산업에서 발생하는 육불화황(SF_6)과 알루미늄 생산 공정에서 발생하는 사불화탄소(CF_4)는 지구온난화지수(global warmth potential, GWP)가 이산화탄소에 비해 각각 2만 배 이상 또는 7000배 이상 크다. 그리고 중국, 인도, 파키스탄 등 화덕을 사용하는 아시아권 국가에서 발생되는 검정(black carbon)은 지구온난화의 두 번째 원인으로 기후변화 국제 전문가모임(Intergovernmental Panel on Climate Change, IPCC)에 의해 지목되고 있다. 온실효과에 따른 지구온난화의 피해는 크게 세 가지 분야로 예측할 수 있다.

그 첫째는 육지 생태계 변화이다. 기온상승으로 인해 일부 고위도지역의 경작가능 농지가 확장될 수도 있지만 중·저위도 지역의 사막화가 가속되어 지구 전체적인 농경지 감소와 식량부족이 심화될 것이다. 또한 높은 기온은 수증기 발생량을 증가시켜 하천과 호수의 건조화가 가속될 것이며, 고온다습한 기후로 인해 생태계의 혼란이 야기될 것이다. 기후 적응에 실패한 다양한 생물종들이 멸종될 것이며, 사람들은 공상과학영화에서나 볼 수 있는 광경들을 실제 생활 속에서 경험해야 될지도 모른다.

두 번째는 해양생태계의 변화이다. 해수면의 온도상승은 심해층과의 수직적 혼합을 방해하여 심해저로부터의 영양물질이 차단되고 해류의 흐름을 교란시켜 심각한 기상재해를 유발할 것이다(예, 엘니뇨, 라니냐). 또한 2010년 기준으로 30년 전에 비해 북극의 빙하 면적이 20 % 이상 감소하였다. 이로 인해 멸종된 동식물의 종류가 증가하고 있으며, 도서 국가의 일부 지역은 심각한 침수현상이 넓은 영역에 걸쳐 진행되고 있다. 국내의 경우에도 평균 해수 온도가 매년 상승하여 동해에서는 한류성 어종인 명태의 어획량이 급감하였고 아열대성 어종들의 출현이 현저하게 증가하였다. 또한 바닷물 온도의 상승은 용존산소량의 감소를 야기하여 어장의 황폐화를 초래하고 있다.

세 번째는 지구온난화가 지속되면 계속해서 더욱 확대된다는 점이다. 대기 온도의 상승은 온실효과를 일으키는 수증기의 발생량을 증가시킬 뿐만 아니라, 극지방 빙하를 녹여 항구도시의 침수위험을 높이고 지구 전체적인 Albedo를 낮아지게 한다. 또한 고온다습한 기후는 미생물의 신진대사를 촉진시켜 습지에서의 CH_4 발생이나 토양 박테리아로부터의 N_2O 발생을 증가시켜 온실효과를 더욱 가속화할 것이다. 따라서 현재로서는 온실가스 사용량의 감축과 함께 저공해 대체에너지의 개발에 더욱 노력하는 것이 실현가능한 대책이라고 하겠다.

그리고 온실가스들에 의한 지구온난화와 함께 도시 지역의 기온을 더욱 상승시키는 열섬현상(heat island)은 녹지공간의 부족과 고층건물들의 밀집 및 교통량의 증가로 인해 발생한다. 도시 표면적의 가장 큰 부분을 차지하는 콘크리트와 아스팔트는 열용량이 작아서 이것과 접촉하는 대기의 온도를 쉽게 상승시킨다. 뿐만 아니라 좁은 지역에 밀집된 고층건물들은 공기의 자연적 흐름을 방해하여 결과적으로 도시 외곽의 평야지대에 비해 도심의 기온은 3～5℃ 높게 형성된다. 또한 자동차 배기가스의 평균 온도가 100℃ 정도이므로 교통량이 많고 상대적으로 높은 건물이 밀집된 도심 상업지역의 기온이 다른 도시 지역에 비해 가장 높고 도심에서 멀어질수록 점점 낮아진다. 따라서 기온이 같은 지점들을 연결한 열등고선은 도심지역이 마치 열로 인해 갇힌 섬과 같음을 보여준다. 열섬현상에 대한 대책은 녹지의 보호와 에너지 사용의 개선, 교통량의 조절 등이 있으며 공기의 자연적 흐름을 고려한 건축허가도 효과적일 수 있다.

3.5 산성비

대기 중의 산성물질이 빗물에 녹거나 에어로졸 상태로 직접 침착하는 현상을 산성강하물(acid deposition)이라 하고 일반적으로는 산성비(acid rain)라 한다.

수용액의 산성도는 pH로 나타낸다. pH 7을 기준으로 하여 그 이하를 산성이라 하고 반대로 그 이상을 염기성 혹은 알칼리성이라 하며, 정수값이 1 증가할 때마다 그 농도는 각각 10배씩 증가한다. 대기오염물질이 없는 자연상태의 공기 중에도 0.03~0.04% 정도의 이산화탄소가 있어 수증기와 만나면 약한 산인 탄산이 형성되고 해리하여 수소이온을 발생시킨다.

$$CO_2 + H_2O \longrightarrow H_2CO_3(l) \quad (3.16)$$

$$H_2CO_3(aq) \rightleftharpoons H^+(aq) + HCO_3^-(aq) \quad (3.17)$$

$$HCO_3^-(aq) \rightleftharpoons H^+(aq) + CO_3^{2-}(aq) \quad (3.18)$$

대기 중 이산화탄소가 빗물 속에 용해되어 생긴 정상적인 포화탄산량에 의한 산성도는 pH 5.6 정도로 산성비의 기준은 pH 5.6 이하이다. 그러나 탄산 이외의 산성기체들이 자연적으로 토양으로부터

〈표 3.3〉 세계 지역별 강우산성도와 피해사례

지 역	산성도(pH)	피해사례
스웨덴	4.0~4.5	85,000개 호수 중 4,000개 사해화
독일	4.0~4.5	전체 삼림의 24% 피해
스위스	4.5~5.0	전체 삼림의 18% 피해
북부유럽	4.0~4.5	심각한 삼림 피해
미국동북부	4.5~5.0	가문비나무, 소나무, 전나무 고사

소량 생성될 수 있으므로 pH 5.6 이하의 비는 공해 없는 지역에서도 흔히 볼 수 있고, 미국의 경우 pH 5.0 이하의 강우를 산성비로 규정하고 있다.

인간활동에 의해 발생된 산성비의 원인이 되는 대기오염물질은 크게 세 가지로 구분한다.

그 첫째는 황산(sulfuric acid, H_2SO_4)성분이며 산성비 발생원인 중 60~70%를 차지한다. 화석연료 중에 소량 들어 있는 황은 천연가스와 가솔린에 거의 없고, 액체상태인 등유, 경유, 중유, 벙커-C유, 그리고 고체인 석탄의 경우 대개 0.5~4% 정도 들어 있어서 화석연료의 연소시 이산화황기체(SO_2, 아황산가스)를 발생시킨다.

$$S(s) + O_2(g) \longrightarrow SO_2(g) \tag{3.19}$$

$$SO_2(g) + H_2O(l) \longrightarrow H_2SO_3(l) \tag{3.20}$$

$$SO_2(g) + \frac{1}{2}O_2(g) \xrightarrow{\text{촉매}} SO_3(g) \tag{3.21}$$

$$SO_3(g) + H_2O(l) \longrightarrow H_2SO_4(l) \tag{3.22}$$

대기 중에 방출된 SO_2 기체는 식 (3.20)과 같이 직접 산성안개를 생성하거나 대기 중 부유하는 금속산화물 분진의 촉매작용을 통해 황산기체로 되었다가(식 3.21) 수분에 용해되어 황산을 형성한다. 따라서 황산성분이 산성비의 주된 원인물질이 되는 지역은 황 함유량이 높은 화석연료를 대량소비하는 공단지역이나 화력발전소 인근지역이 대부분이다.

두 번째는 질산(nitric acid, HNO_3)성분이다. 대기의 주된 구성성분인 질소(N_2)와 산소(O_2) 기체는 분자의 구조적인 안정성으로 인해 자연적으로는 질소산화물을 생성하기 어렵다. 간혹 자연상태에서 번개에 의해 질소산화물이 형성되기도 하나 대부분의 대기 중 질소산화물들은 인간활동에 의해 생성된 것이다. 자동차와 비행기 등의 수송수단에 이용하는 내연기관으로부터 배출된 일산화질소(NO)와 이산화

〈표 3.4〉 전남 광양시 월별 대기오염도(2019년)

월별	SO_2농도(ppm)	NO_2농도(ppm)	강우산성도(pH)
1월	0.005	0.015	5.07
4월	0.006	0.015	5.02
7월	0.005	0.011	4.86
10월	0.004	0.010	5.50
연평균	0.005	0.013	5.00

출처 : 광양시(광양시 기본통계)

질소(NO_2)가 대표적인 성분이다. NOx로 표현하는 이 질소산화물들은 공기 중의 수분과 만나 아질산과 질산 수용액을 생성시켜 산성비 발생에 있어서 30~35% 정도의 영향을 끼친다.

$$NO(g) + H_2O(l) \longrightarrow HNO_2(l) \quad (3.23)$$

$$NO_2(g) + H_2O(l) \longrightarrow HNO_3(l) \quad (3.24)$$

세 번째는 염산(hydrochloric acid, HCl)성분에 의한 것이다. 산성비의 발생에 큰 영향을 주지는 않는다. 그러나 석탄의 연소, 화산분출, CFC의 분해 등을 통해 대기 중에 생긴 염소원자(Cl)가 수소화되거나 해양으로부터 날아온 염분입자들이 산성증기와 만나 생성된다.

$$Cl + H(\text{물 또는 탄화수소}) \longrightarrow HCl \quad (3.25)$$

$$2NaCl + H_2SO_4 \longrightarrow 2HCl + Na_2SO_4 \quad (3.26)$$

$$NaCl + HNO_3 \longrightarrow HCl + NaNO_3 \quad (3.27)$$

산성비의 피해는 자연 생태계 전체에 영향을 끼치며 토양과 식물 생태계, 수중 생태계, 인간과 재산의 영향 등으로 구분할 수 있다. 대개 산성비는 pH 5.5 이하만 되어도 수중 생태계에 영향을 주기 시작하며 pH 5.1 이하부터는 육상 생태계도 영향을 끼친다.

토양은 다양한 구성성분으로 인해 수중 생태계에 비해 산성화에 대한 저항력이 강하지만 산성비에 의해 식물의 영양성분인 칼슘(Ca)이나 마그네슘(Mg)을 용출시켜 토양을 척박하게 한다. 또한 납(Pb), 카드뮴(Cd), 아연(Zn) 등의 용해를 촉진하여 수중 생태계의 중금속농도를 증가시킨다. SO_2와 NO_2는 엽록소의 광합성작용을 방해하고, pH 4.2 이하의 토양에서 생긴 독성 Al^{3+}는 식물의 잔뿌리를 고사시킬 뿐만 아니라 토양 내 미생물의 번식과 활동을 억제하여 유기물분해와 영양성분의 흡수를 방해한다.

수중 생태계는 산성화에 더욱 민감하여 북유럽의 많은 호수들이 산성비로 인해 물고기가 살지 않는 호수로 남아 있다. pH 5.0 이하에서는 물고기의 알이 부화하지 못하며 Al^{3+}의 작용으로 물고기 아가미의 호흡작용도 방해받는다. 또한 식물성 플랑크톤과 조류의 영양물질인 인산염이 알루미늄이온과 결합하여 침전된다. 그래서 수중 생태계의 먹이 피라미드가 기초부터 와해되어 겉보기에는 수중 조류도 없는 맑은 호수로 보이지만 물속은 어류와 일반적인 생명체를 찾아보기 힘든 호수로 변하게 된다(사해화).

산성비가 인간에 미치는 영향은 직접적인 부분보다 간접적인 면이 크다. 산성증기에 의한 호흡기질환도 무시할 수 없지만 곡물수확량의 감소, 수중 생태계의 중금속 이온농도의 증가, 내수면 어업의 황폐화 등의 피해가 더욱 심각하다. 또한 내륙 호수 내 산성도가 증가하면 무기수은 형태로 바닥에 침전되어 있던 수은이 메틸수은과 같은 유기수은으로 변하여 어류의 체내 지방에 축적되므로 먹이사슬을 통해 인간에게 생물농축의 위험성이 높아진다(예, 미나마타 수은중독). 대기 중 산성물질의 농도 증가는 금속 건축물의 부식을 가속화하고 용해반응을 통한 대리석 건축물과 조형물의 풍화작용을 심화시킬 뿐

〈표 3.5〉 동아시아 지역의 강우산성도(pH, 2004년)

러시아	몽고	베트남	인도네시아	일본	중국	태국	필리핀
4.9	5.9	5.6	4.7	4.8	4.7	5.3	5.2

〈표 3.6〉 주변국가간 산성비 관련 협력사항

협력내용	한 국	중 국	일 본
산성비 조사연구 협력	국립환경 연구원		환경청
동아시아 지역 산성물질 지상 및 항공관측	한국과학 기술원		국립환경 연구소
동아시아 지역 산성물질 이동 및 변환 연구	한국과학 기술원		통산성 공업기술원
산성비 유발물질 처리기술	국립환경 연구원	북경 경공업연구소	

만 아니라 고무나 플라스틱의 노화를 촉진한다. T. Crocker 교수는 미국 동부 3대 지역의 산성비로 인한 경제적 피해를 계산한 바 있다. 연간 최대 손실은 건축 및 구조물 20억 달러, 삼림생태계 17.5억 달러, 농작물 10억 달러, 수중 생태계 2억5천만 달러, 기타 1억 달러로 피해를 추정하였다. 또한 독일의 경우 산성비에 의한 삼림피해액만 연간 4억 달러에 해당된다고 한다. 우리나라도 현재 1980년대 중반에 비해 조금씩 좋아지고는 있으나, 최근에는 중국의 급격한 경제성장과 공업화에 따른 산성비 원인물질들의 대량 방출이 우리나라에까지 영향을 주고 있다.

산성비를 감소시키기 위한 대책은 화석연료에 대한 에너지 의존율을 낮추는 것이 가장 우선적이며 화석연료 사용 전후의 탈황과정의 도입과 촉매를 이용한 질소산화물의 분해과정 등을 들 수 있다. 또한 산성비 발생을 낮추는 노력은 인접 국가간의 공동된 노력과 협력이 필수적이며 효과적이다.

1983년 '국가간 대기오염물질 장거리 이동에 관한 협약'(7.2절 참고)이 체결된 후 1986년 1월부터 3개월마다 측정한 한반도 주변 고공기상관측자료는 매우 흥미롭다. 서울로 불어 들어오는 바람의 경로가 [그림 3.8]에 매일 1개의 추적선으로 나타나 있다. 산성비 생성의

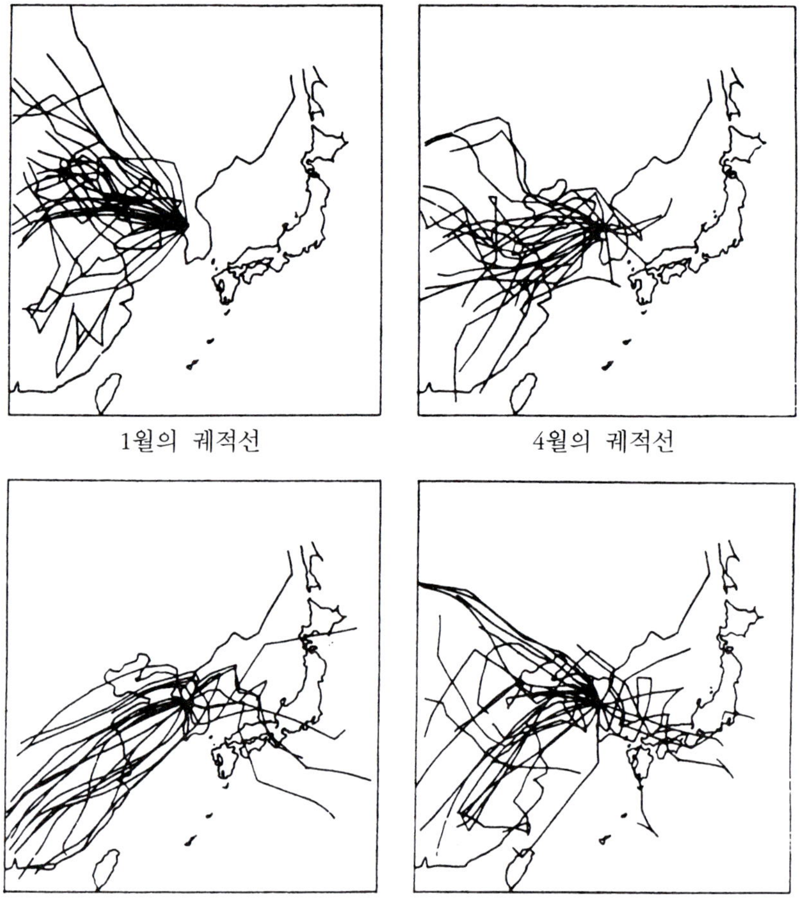

1월의 궤적선　　4월의 궤적선

7월의 궤적선　　10월의 궤적선

[그림 3.8] 서울지역 유입바람의 이동경로

원인물질인 질소산화물과 아황산가스의 대기 중 최장 체류기간이 각각 5일과 3일 정도임을 감안하면 산성비 발생에 대한 주변 국가간 협력이 필요함을 보여준다.

우리나라도 중국, 일본과 함께 협력과제를 공동으로 연구하고 있으며 러시아와도 협력기반을 마련하고 있다. 1997년 11월에는 한, 중, 일 정부 관계자와 전문가가 참석한 가운데 '장거리 이동 대기오염물질에 관한 전문가 회의'가 개최되기도 하였다.

특히 우리나라가 주도하여 2001년부터 결성된 '동아시아 산성비 모니터링 네트워크(East Asia Network on Acid Rain, EANET)'는 13개 국가가 참여하여 산성비와 관련된 국가간 협력기능을 수행하고 있다.

3.6 대기오염물질

인간활동에 의해 고정오염원과 이동오염원으로부터 배출된 물질로 인간의 건강과 환경에 해로운 영향을 줄 수 있을 정도로 대기 중에 존재하는 것을 대기오염물질이라 한다. 오염원으로부터 직접 방출된

〈표 3.7〉 대표적인 대기오염물질의 발생원과 피해형태

물 질	발생원	피 해	환경기준
아황산가스(SO_2)	석탄, 중유, 벙커-C유의 연소	호흡기 질환, 식물성장 억제	0.25 ppm(1시간) 0.14 ppm(하루)
먼지(TSP)	차량, 시멘트공장 연료연소	SO_2와 상승작용, 호흡기 질환	300 $\mu m/m^3$
일산화탄소(CO)	불완전연소	혈액의 산소공급 방해	25 ppm(1시간) 9 ppm(8시간)
질소산화물(NOx)	자동차배기가스	HC와 광화학스모그 발생	0.15 ppm(24시간) 0.08 ppm(24시간)
탄화수소(HC)	자동차 주행 주유소	광화학스모그 원인 물질	
오존(O_3)	NO_2의 광분해	광화학스모그 원인 물질, 식물피해	0.1 ppm(1시간) 0.06 ppm(8시간)

CO, CO_2, NOx, 탄화수소(hydrocarbon, HC)류, 분진 등을 1차 오염물질(primary pollutants)이라 하고, 오염물질 상호간이나 대기의 다른 성분과의 반응을 통해 생성된 SO_3, H_2SO_4, HNO_3, O_3, peroxyacetylnitrate(PAN) 등을 2차 오염물질(secondary pollutants)이라 한다. 대기오염물질은 물리적 상태에 따라 크게 입자상 물질(particulate matter)과 가스상 물질(gaseous pollutant)로 구분하며, 그 밖에는 액체상 물질과 부유미생물 등이 있다.

3.6.1 입자상 오염물질

입자상 물질은 일반적으로 분진이라고 하며 연소와 소각, 기계적 분쇄, 화학반응 등 발생형태가 다양하나 〈표 3.8〉과 같이 다섯 종류로 구분한다.

입자상 물질들은 입자의 크기에 따라 인체에 미치는 영향이 다르기 때문에 농도와 화학적 특성뿐만 아니라 크기에 따른 피해형태를 파악해야 한다. 대개 2.5 μm 이상의 직경을 가진 것을 거대입자(coarse particle)라고 하고 2.5 μm 미만의 것을 미세입자(fine particle) 또는 초미세먼지(PM 2.5)로 분류한다. 대기 중 부유먼지는 0.1～10 μm 크기가 대부분으로 거대입자는 수분 내지 수시간 내에 지면에 낙하하지만 미세입자는 수일 내지 수주간 동안 부유한다. 또한 거대입자는 호흡기를 통해 인체에 유입될 경우 비강과 호흡기관경

〈표 3.8〉 입자상 오염물질의 분류

종 류	특 징	직경(μm)
먼지(dust)	물질 운송과정에서 발생	1～150
미스트(mist)	응축된 액체입자	1～100
훈연(fume)	금속산화물	0.1～1
연기(smoke)	불완전연소로부터 발생	0.1～0.5
스모그(smog)	광화학반응 생성물	>1

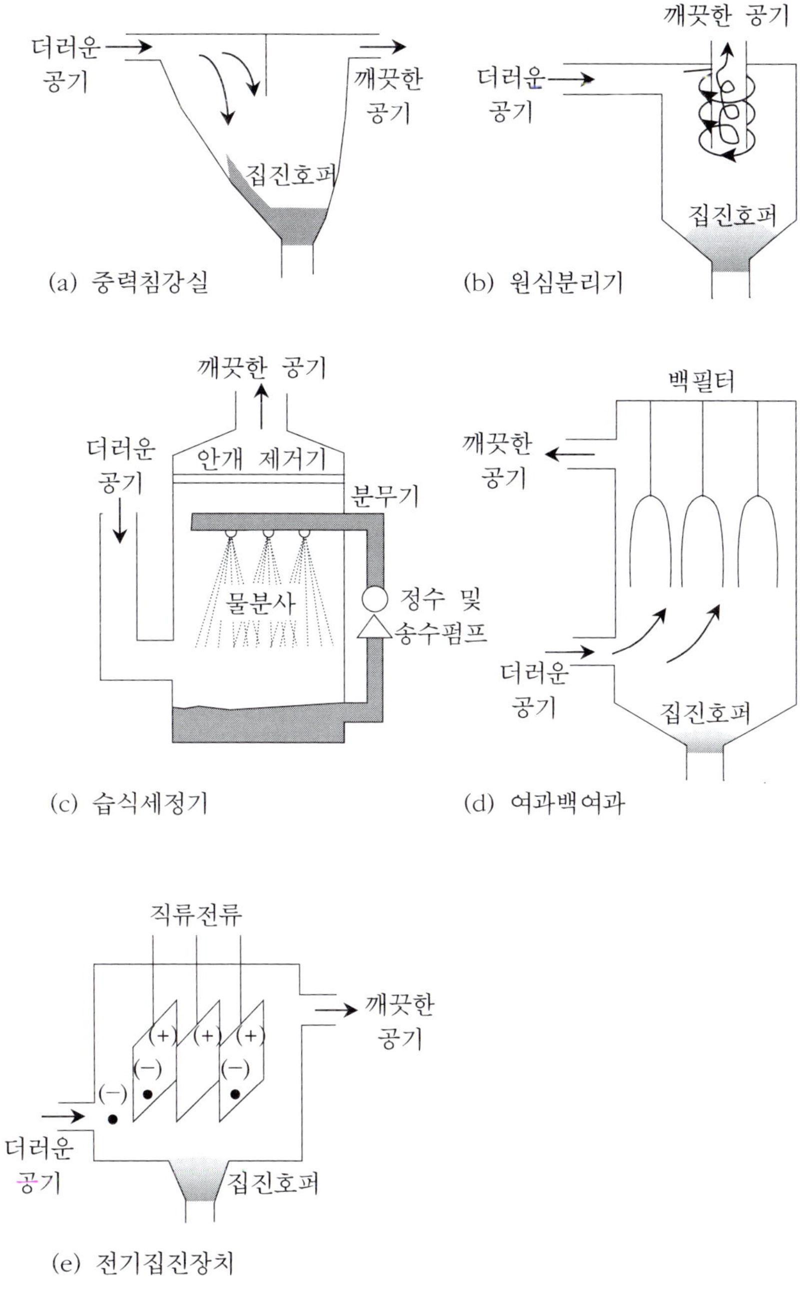
더러운 공기
깨끗한 공기
집진호퍼
(a) 중력침강실
깨끗한 공기
더러운 공기
집진호퍼
(b) 원심분리기
깨끗한 공기
더러운 공기
안개 제거기
분무기
물분사
정수 및 송수펌프
(c) 습식세정기
백필터
깨끗한 공기
더러운 공기
집진호퍼
(d) 여과백여과
직류전류
깨끗한 공기
(+)
(−)
더러운 공기
집진호퍼
(e) 전기집진장치

[그림 3.9] 대기집진장치

로에서 여과가 가능하나 1～2 μm 크기의 미세입자는 폐포에까지 침착되어 규폐증이나 중금속오염 등 다양한 질환을 제공한다.

대기 중 입자상 오염물질의 농도는 거대입자와 미세입자의 총량으로 나타내고, 총부유분진(total suspended particulate, TSP)으로 표현하며 $\mu g/m^3$의 단위를 가진다. 대규모 분진의 제거는 입자의 크기에 따라 다양한 집진장치를 사용한다. 직경 50 μm 이상은 중력침강실(settling chamber), 1 μm 이상은 원심분리기(centrifugal separator), 0.05 μm 이상은 습식세정기(wet scrubber), 0.01 μm 이상은 여과백여과(bagfilter filtering), 0.005 μm 이상은 전기집진장치(electrostatic precipitator)를 이용한다. 중력침강법은 유속의 갑작스런 감소를 통해 자연적인 침강을 유도하고 원심분리기는 원심력을 이용하여 입자상 물질을 기체상으로부터 분리한다. 습식세정은 세정탑을 이용하여 물로 분진을 세척제거하고, 여과백여과는 내열성 여과포를 사용할 경우 고온기체로부터 입자들을 제거할 수 있는 장점이 있다. 전기집진기는 일명 Cottrell 집진기라고도 하는데 40～60 kV의 직류전류를 이용하여 (－)전하의 분진들을 (＋)전하를 띤 전극판에 붙여서 제거하는 방식이고, 경비가 많이 드는 문제점은 있으나 집진효과가 가장 우수하다.

국내의 경우 대기 중 입자상 오염물질은 금속과 그 화합물이 가장 큰 부분을 차지하고 있다. 대표적인 금속은 Al, Ca, Fe이나 Na, Mg, Mn, Pb, Cu, Zn, Cd, Co, Cr, Ni 등의 다양한 금속 종류와 그 화합물들을 포함한다.

매년 3월에서 5월 사이에 중국으로부터 날아오는 황사(yellow sand)는 계절적으로 일정한 기간 동안 입자상 오염물질의 농도를 증가시킨다. 고비사막과 황하강 유역의 황토지역으로부터 기류현상에 의해 지상 3～4 km까지 상승한 미세한 토사가 편서풍을 따라 한국과 일본으로 이동하며 강하하는 것이다. 황사의 성분은 조암광물인 석영(quartz), 장석(feldspar), 운모(mica)가 가장 큰 부분을 차지하고 있으며 Ca가 주성분인 방해석 등을 포함한다. 운모는 층상구조의 알루미늄산 규산염광물(aluminosilicate)로서 층 사이에 K를 많이 함유하고 있어 황사시 대기 중 분진 성분은 비황사시에 비해 특징적으로 K 및 Ca의 농도가 증가한다. 또한 황사는 중국의 연안공업지대를 거쳐 이동함으로써 중금속과 유해 공해물질을 부착하여 주변 국가의 대기오염도를 증가시키기도 한다.

3.6.2 가스상 오염물질

(1) 황산화물

대기 중 가스상 황산화물 오염물질은 아황산가스라고 불리는 SO_2가 대표적이며 황함유량이 높은 화석연료를 소비하는 이동배출원(화물자동차 등)이나 고정배출원(화력발전소, 보일러시설 등)에서 골고루 발생된다. 또한 납, 아연, 구리 등의 금속제련과정에서도 방출되는데, 앞 절(3.5 산성비)에서 본 바와 같이 대기 중에서 산화되거나 반응을 일으켜 황산이나 황산염을 생성하므로 산성비의 원인물질로 작용한다. 그 밖의 황산화물로는 황화수소(H_2S)와 메르캅테인(mercaptan)류가 있으나 유기물 분해시 발생되는 기체들이고, 대기 중 농도는 지극히 낮아 악취 이외의 피해가 없기 때문에 무시할 만하다.

〈표 3.9〉 SO_2의 인체에 대한 영향

대기 중 농도(ppm)	노출시간(분)	증 상
1～2	10	흉부압박감, 호흡수 증가
5～10	15	비강자극 감지
100～200	30	기침, 눈물, 호흡기관 장해
300	60～100	호흡곤란
400～500	60～100	생명위험

(2) 질소산화물

대기 중 존재하는 질소산화물은 NO, NO_2, N_2O, N_2O_4, N_2O_5 등이 있으나 가스상 오염물질로는 NOx로 나타내는 NO와 NO_2가 대표적이다. 대기의 주성분인 N_2와 O_2로부터 NO의 생성은 반응기체들의 구조적 안정성으로 인해 고온반응이 필수적이며 이동배출원인 자동차의 배기가스에 의한 비중이 다른 기체상 오염물질에 비해 크다. NO는 인체에 직접적인 피해를 주지 않는 무색기체이고, 대기 중 잔류기간은 2~5일 정도이다. 그러나 NO_2는 오염배출원으로부터 직접 배출되거나 NO가 공기 중에서 산화되어 발생한다. 이것은 자극성 있는 황갈색 기체로 기침과 기관지염 등의 가벼운 호흡기계 질환을 유발하기도 하고 식물성장을 방해한다. 질소산화물에 의한 가장 큰 피해는 이미 3.3절과 3.6절에서 언급한 것처럼 성층권 오존의 파괴와 산성비 발생을 들 수 있고, 광화학스모그를 일으키는 원인물질로도 잘 알려져 있다.

(3) 탄소산화물

대기오염을 일으키는 탄소산화물은 일산화탄소(CO)와 이산화탄소(CO_2)이다. CO_2는 대기온실효과를 일으키는 온실가스로 잘 알려져 있지만 인체의 직접적 피해는 없다. CO는 대규모 산불이나 화산폭발을 통해서도 생성되지만 대부분 화석연료의 불완전연소과정에서 발생하고, 자동차의 운행에 의한 비율이 60 % 이상으로 지배적이다.

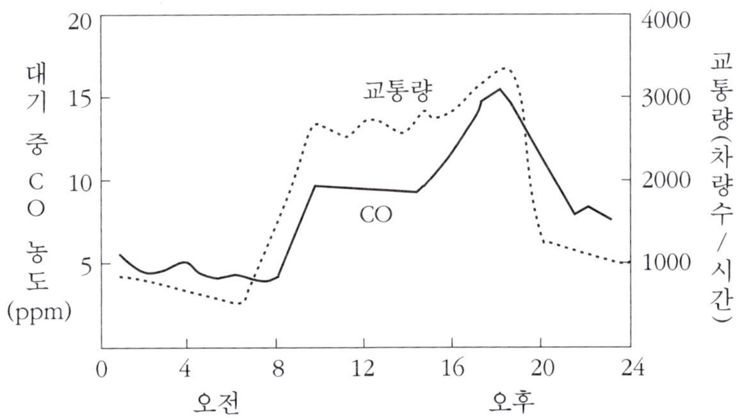

[그림 3.10] 대도시 도로변의 시간대별 교통량과 CO 농도변화

CO는 무색무취의 독성기체이며 혈액 중 헤모글로빈(Hb)과 결합하면 카보닐헤모글로빈(HbCO)을 형성하여 헤모글로빈의 산소운반을 방해한다. 뇌세포의 산소결핍은 두통과 빈혈을 일으키고 심한 경우 사망하기도 한다. 혈액성분 중 산소운반체인 헤모글로빈은 분자 중심에 철(Fe)을 포함하여 산소기체(O_2)와의 결합력보다 CO기체와의 결합력이 300배 정도 강하다. 따라서 대기 중 농도가 정상 산소농도인 21 %보다 300배 낮은 0.07 %(=700 ppm)만 되어도 CO는 선택적으로 헤모글로빈과 결합한다.

$$Hb + O_2 \xrightarrow{k_1} HbO_2 \tag{3.28}$$

$$Hb + CO \xrightarrow{k_2} HbCO \tag{3.29}$$

$$k_2/k_1 \simeq 300$$

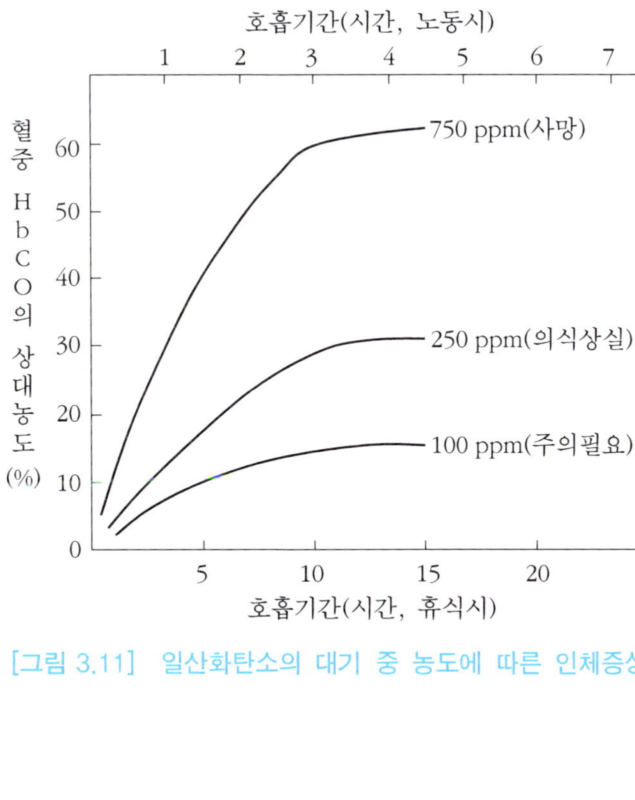

[그림 3.11] 일산화탄소의 대기 중 농도에 따른 인체증상

〈표 3.10〉 도시지역 대기 중 일산화탄소 평균농도

지 역	평균농도(ppm)
운행중 차량 내부	70
상업지역	17
주택지역	16
숲 속	0.03～1.0

[그림 3.11]은 대기 중 CO 농도에 따른 혈중 HbCO의 생성농도와 노출시간에 의한 증상들을 나타낸 것이며, 〈표 3.10〉은 도시지역 대기 중 CO 농도를 나타내고 있다.

두 가지 자료를 통해 교통량이 최대인 러시아워 때 도로주행과 보행은 신체적으로 상당한 피해가 있음을 예상할 수 있다.

대기 중 CO의 자연적인 소멸(CO sink)은 토양 내 박테리아의 산화환원작용에 의해 나타난다. 일부 토양박테리아들은 CO를 CO_2나 CH_4로 전환시키고, 이때 발생하는 에너지를 자신의 신진대사에 이용하고 있다. 실제로 토양과 함께 밀폐된 용기 내에 들어 있는 CO는 시간의 경과에 따라 농도감소가 관찰되지만 살균처리한 흙에서는 CO 감소현상이 나타나지 않는다.

$$CO + \frac{1}{2}O_2 \xrightarrow{\text{토양박테리아}} CO_2 \tag{3.30}$$

$$CO + 3H_2 \xrightarrow{\text{토양박테리아}} CH_4 + H_2O \tag{3.31}$$

(4) 광화학산화물과 광화학스모그

광화학산화물(photochemical oxidant)은 간단히 옥시던트(oxidant)라고도 하며 오존(O_3)이 가장 대표적인 물질이다. 강한 자외선에서 NOx의 분해로 생성되는 O_3는 NOx, 탄화수소(hydrocarbon, HC)와 함께 광화학반응을 일으켜 다양한 종류의 알데하이드류와 과산화아세틸질산염(peroxyacetylnitrate, PAN) 등의 2차 오염물질을 생성한다. PAN은 과산화벤조일질산염(peroxybenzoylnitrate, PBzN)과 함께 광화학스모그의 주된 생성물로 강한 안구자극물질이다.

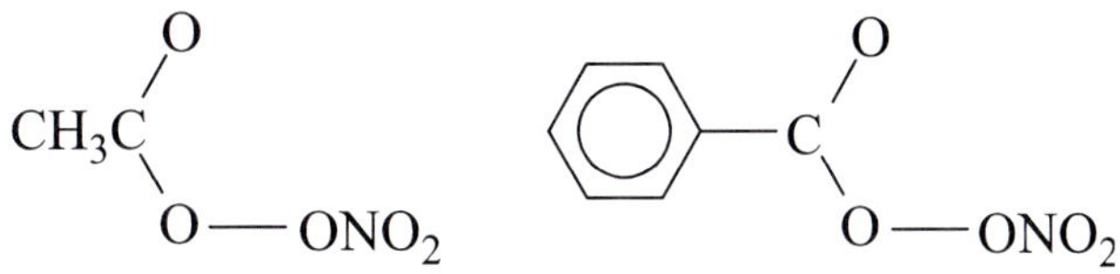

PAN PBzN

광화학스모그(photochemical smog)는 Los Angeles형 스모그라 한다. 이 스모그는 자동차로부터 배출된 NOx와 HC가 태양빛에너지를 흡수하여 오존을 생성시키고, 이 세 가지 종류의 물질이 상호반응하여 대기오염물질(PAN, PBzN, 알데하이드류 등)을 대기 중에 발생시키는 현상이다. 원래 스모그(smog)란 용어는 Smoke(연기)와 Fog(안개)의 합성어로, 크게 런던형 스모그와 LA형 스모그로 구분하며 기온역전층에 의해 피해가 심화된다. 런던형 스모그는 난방 및 산업에너지원으로 석탄을 사용하여 발생한 산성안개와 부유분진의 단순한

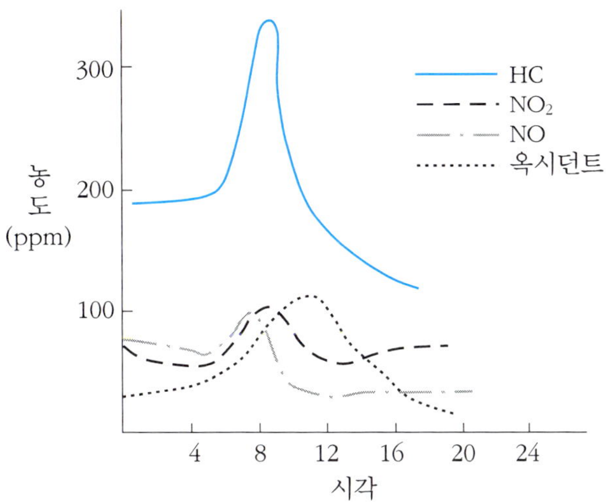

[그림 3.12] LA에서의 시간대별 스모그 원인물질 농도변화

대기오염현상이지만 LA형 스모그는 복잡한 광화학반응을 동반한다.

광화학스모그의 원인물질인 탄화수소(HC), NOx, 옥시던트(O_3, 산화물, 과산화물의 총칭)의 시간대별 농도변화를 [그림 3.12]에 나타내었다.

Los Angeles뿐만 아니라 현대의 대부분 도시에서 광화학스모그가 발생하고, 자동차의 운행과 강한 태양광선이 직접적인 원인을 제공한다. 대기 중 탄화수소(HC)는 자동차로부터 직접 배출되기도 하지만 주유소, 정유공장, LPG 취급소, 세탁소, 인쇄소 등 다양한 배출원으로부터 발생되는 전체적인 휘발성 유기화합물(volatile organic compound, VOCs)을 지칭한다. 광화학스모그의 발생을 크게 세 단계로 구분하여 자세한 과정을 [그림 3.13]에 나타내었다.

(1) 질소산화물과 탄화수소의 발생
(2) NO_2의 광분해와 오존의 생성
(3) 오존과 탄화수소의 반응으로 오염물 생성

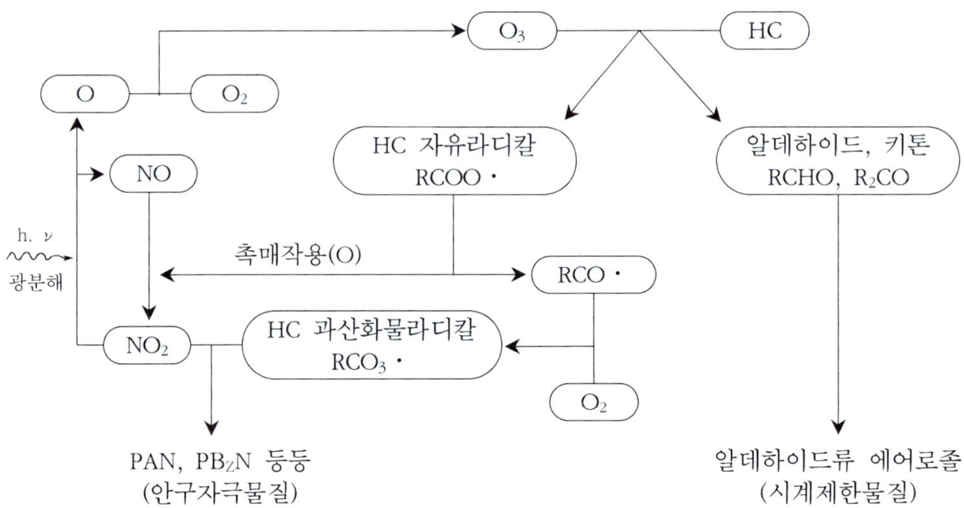

[그림 3.13] 광화학스모그의 형성과정

기온역전층이 아직 소멸되지 않은 아침 무렵 출근 차량으로 인해 대기 중 NO, NO_2, HC의 농도가 급격히 증가하면 밝은 아침 햇살 중의 400 nm 파장의 빛을 흡수한 NO_2가 NO와 산소원자(O)로 광분해되고 공기 중 산소(O_2)는 오존(O_3)으로 변하여 HC와 반응한다. O_3와 HC의 반응은 탄화수소 자유라디칼(hydrocarbon free radical, RCO_2·)과 알데하이드 및 키톤류를 생성한다. 알데하이드류 및 키톤류는 가시거리를 제한하는 광화학스모그 생성물이다. 또한 다른 생성물인 RCO_2·는 대기 중 NO가 NO_2로 산화될 때 촉매물질로 작용하여 RCO·로 변하고, 다시 공기 중의 O_2와 반응하여 탄화수소 과산화물자유라디칼(hydrocarbonperoxide free radical, RCO_3·)을 형성한다. 이 RCO_3·이 NO_2와 반응하면 또 다른 광화학스모그 최종 생성물이 되고, 안구자극제인 PAN과 PBzN 등이 발생한다.

3.7 촉매전화기

자동차의 배기가스가 대기오염에 다양한 원인을 제공하는 것은 이미 알고 있다. 주성분인 CO_2와 H_2O는 대기온실효과를 일으키는 물질로, NO는 산성비와 광화학스모그 생성의 원인물질로, CO는 치명적인 독가스로 잘 알려져 있다. 또한 엔진 내에서 연소되지 않고 배출되는 소량의 HC 역시 대기오염물질이다. 그중에서도 대기오염에 가장 직접적인 피해를 제공하는 성분은 NO, CO, HC이며 이 물질들을 자동차 배기가스로부터 제거하거나 감소시키는 장치가 자동차용 촉매전화기(catalytic converter)이다. 촉매전화기의 개발 이전에는 이 기체들에 대한 대책으로 연료와 공기의 혼합비율을 조절하는 방법이 시도되었다. 그러나 엔진 내부에서 연소시 공기의 비율을 높여주면 완전연소

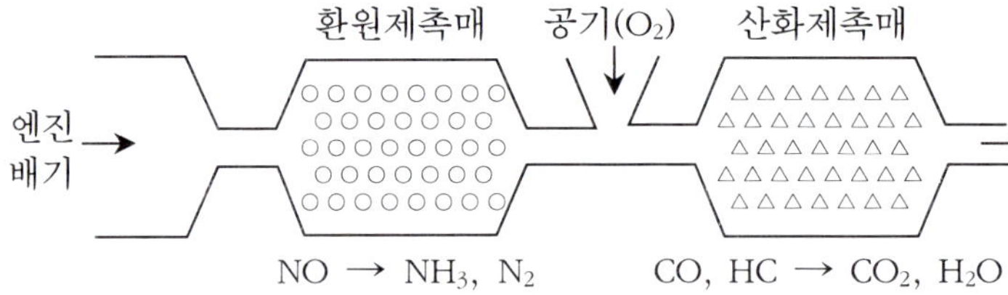

[그림 3.14] 자동차용 촉매전화기

를 통해 CO와 HC의 발생량은 감소시킬 수 있으나 고온으로 인한 NO 생성량이 증가하는 어려움이 있었으며, 그 반대의 경우에는 CO와 HC의 발생량이 문제되어 세 가지 기체를 효과적으로 제어할 수 없었다. 자동차용 촉매전화기는 엔진의 배기구에 연결되어 있으며, 환원제촉매와 산화제촉매가 각각 들어 있는 두 부분으로 구성되어 있다.

환원제촉매는 배기가스 중 NO를 환원시켜 NH_3와 N_2로 변화시키고, 산화제촉매는 산소 유입하에서 CO와 HC를 완전연소시켜 CO_2와 H_2O로 배출되게 한다. 이 과정에서 발열로 인해 배기가스의 온도가 조금 상승하는 문제점도 있으나, 우리나라의 경우 승용차의 제조시 촉매전화기의 부착이 의무화되어 있고 그 대상 차종을 넓혀가고 있다. 촉매전화기 사용시의 주의할 점은 납성분의 가솔린첨가제가 들어 있는 유연휘발유를 연료로 사용할 경우 납성분의 촉매독(catalytic poison)작용 때문에 촉매전화기의 기능이 영구적으로 상실되는 것이다. 과거 연료의 옥탄가(octane rating)를 높이기 위해 첨가했던 테트라에틸납(tetraethyllead, $Pb(C_2H_5)_4$, TEL) 등이 좋은 예이고, 이 같은 물질이 없는 무연휘발유를 항상 연료로 사용해야 한다.

3.8 실내 공기오염

실내 공기의 주성분은 근본적으로 외부 대기와 차이가 없으나 미량성분인 특정 대기오염물질은 외부와 차이가 있으며 2~5배 높은 것이 일반적이고 어떤 경우 수십 배까지 될 때도 있다. 또한 일반 성인의 경우 하루 중 70~80%의 시간을 실내에서 지내고 있어서 유해성 대기오염물질의 실내 농도가 건강에 매우 중요한 요인으로 작용한다. 현대식 건물의 밀폐성 증가와 건축자재의 다양성은 실내 공기를 더욱 혼탁하게 하고, 새 건물일수록 더욱 심하다. 실제로 건물 외부에서는 느끼지 못하는 두통이나 기침, 안구충혈, 만성피로 등의 증상이 실내에서 생활할 때만 나타난다. 이를 빌딩증후군(sick building syndrome)이라 하고 실내의 오염된 공기와 관련이 있다. 대표적인 실내 공기오염물질은 담배연기, 석면, 폼알데하이드, 라돈가스의 네 종류를 들 수 있다.

3.8.1 담배연기

담배연기에는 4000여 종의 화학물질이 들어 있고 주성분인 CO_2 외에도 CO, CH_4, NH_3, 발암물질로 분류되어 있는 타르, 니코틴, 톨루엔 등 유해물질이 헤아릴 수 없을 정도로 많다. 또한 담배연기 내 입자상 물질들은 크기가 작아 공기 중에 오랫동안 부유할 수 있으며, 이로 인해 실내에 같이 있는 비흡연자에게도 피해를 줄 수 있다. 흡연시 필터를 통해 체내에 흡입되는 연기를 주류연(main stream, MS)이라 하고, 담배의 연소로부터 직접 공기 중으로 피어오르는 연기를 부류연(side stream, SS)이라 한다. 부류연은 필터를 통한 여과과정이 없으므로 유해물질의 함유율이 더욱 높다.

상습흡연자에게는 만성기관지염, 폐기종, 폐암과 같은 호흡기계

〈표 3.11〉 담배 주류연과 부류연의 성분비교

구 분	종 류	주류연 농도(mg/개비)	부류연 농도(mg/개비)
입자상	타르	10.2	34.5
	니코틴	0.46	1.27
	벤조피렌	3.5×10^{-5}	31.5×10^{-5}
	페놀류	0.228	0.603
	카드뮴	1.25×10^{-4}	4.5×10^{-4}
가스상	CO	31.4	148
	NH_3	0.16	7.4
	NOx	1.4×10^{-2}	5.1×10^{-2}

통의 질환뿐만 아니라 위·십이지장 궤양, 위암 등의 소화기계통의 발병위험성도 높다. 또한 심근경색이나 협심증과 같은 심장질환이 있는 사람에게는 흡연이 치명적 사인으로 알려져 있다. 이 같은 유해성 때문에 우리나라에서도 공공장소에서 흡연금지구역을 설정하여 위생법에 시행규칙으로 명시하고 있다.

3.8.2 석면

죽음의 섬유라고 불리는 석면(asbestos)은 가늘고 긴 섬유 형태의 광물질로서 마그네슘과 규소를 포함하고 있다. 석면은 전기절연성, 내화내열성, 단열성 및 흡음성이 우수하여 건축물의 여러 종류 실내 마감자재로 많이 사용된다. 석면섬유가 호흡을 통해 인체 내로 유입되면 침착되어 체외로 배출되지 않고 기관지를 손상시키거나 알레르기를 일으키기도 하지만 누적되어 석면침착증(asbestosis), 폐암, 중피암 등의 질환을 일으키기도 한다.

오래된 건물을 해체할 때 대량으로 발생하는 석면분진은 기존 건물의 실내 공기에서도 종종 발견된다. 1989년 미국 환경보호청(EPA)의 보고에 의하면 공공건물 중 약 15 %가 실내로 석면을 방출할 수 있는 가능성이 있다고 했다. 석면이 포함된 건축자재를 사용하여 지은 기존 건물 내에서의 실내 공기오염 방지책은 특정자재의 교체보다는 밀봉하는 형태로 추진되고 있으며, 2차적인 오염방지뿐만 아니라 경제적인 면에서도 유리하다. 1992년 발표된 우리나라 환경부의 오염물질 실내기준치를 보면 석면섬유의 경우 공기 100 cc당 1개 이하를 권고하고 있다.

석면으로부터 피해를 감소시키는 방안은 법적 규제의 엄격한 실행과 함께 위험성에 대한 개인적 인식의 증대이다. 건물의 폭파 해체 시에도 석면의 제거 작업이 선행되어야 하며, 석면 작업장에서는 고성능 여과마스크의 착용과 작업복의 공장외 반출을 금지해야 한다. 실제로 석면 취급 공장의 인근 주민과 석면 작업 근로자의 가족들에게서 석면에 의한 암의 발생이 보고된 바 있다. 또한 이미 생산된 석면 함유 단열재, 방음재, 자동차용 브레이크 패드, 슬레이트 등의 제품을 사용하지 않아야 한다.

3.8.3 폼알데하이드

폼알데하이드(formaldehyde)는 무색의 자극성 있는 기체이고 실내용 목재나 가구, 의류, 멜라민수지, 플라스틱, 포장지, 접착제, 단열재 등에서 발생되며 담배연기에도 들어 있다. 수용액은 포르말린이라 하여 방부제로 사용되며 대기 중 농도가 1 ppm 이하의 저농도에서는 눈과 코 등의 자극 증상만 있다. 의류상가 또는 포목점이 밀집된 장소에서 간혹 느끼는 눈물흘림과 기침이 바로 폼알데하이드의 영향이다. 공기 중 농도가 10～20 ppm에서는 두통과 현기증, 흉부압박감, 메스꺼움 등을 느낄 수 있으며 직업상 수십 ppm 이상에서의 장기간 노출은 폐렴과 폐기종뿐만 아니라 발암의 원인으로 작용한다고 보고되어 있다. 실내 공기에 대한 우리나라 환경부의 권고치는 일일평균 0.1 ppm 이하이다.

3.8.4 라돈가스

라돈(radon, Rn)은 천연우라늄이 방사성붕괴를 통해 방출하는 무색무취의 방사성 기체물질이고, ^{222}Rn과 ^{220}Rn의 두 가지 동위원소가 있다. ^{222}Rn과 ^{220}Rn의 반감기는 각각 3.8일과 54.5초이고 최종적으로 납으로 바뀌지만 중간과정에서 ^{218}Po과 ^{216}Po의 최초 중간생성물의 형태를 가진다. 라돈은 우라늄광 잔재물이 섞인 골재, 담배연기, 석탄연소, 흙, 시멘트, 지하수, 수돗물, 천연가스 등에서 발생하며 중간생성물인 방사성 플로늄(Po)은 대기 중 분진에 부착되어 부유하기도 한다. 라돈가스류는 자연붕괴과정에서 α선을 방출하므로 고농도의 체내 흡입은 폐암을 유발한다. 미국의 경우 연간 10000～20000명으로 추정되는 폐암으로 인한 사망자들이 라돈기체의 영향에 의한 것으로 보고 있다. 우리나라와 미국의 기준은 라돈의 실내 공기 1 L당 허용치를 4 피코큐리(picocurie, pCi) 이하로 규정하고 있으나 일반적인 건물과 가정의 실내에서 이 수치를 초과하는 경우가 적지 않다. 특히 사무용 빌딩이나 창문 밀폐형 공기 조절 시스템을 가진 현대식 건물들은 공통적으로 라돈기체의 농도가 상대적으로 높다. 그러나 노르웨이 등 북유럽 국가에서는 그 기준을 20 pCi로 규정하고 있어 근거 있는 위험농도와 피해여부가 아직은 불분명하다.

최근 국내의 경우 침대 매트리스의 음이온 발생률을 높이기 위해 처리한 모나자이트(monazite) 분말 내 토륨(thorium, Th) 성분의 방사능에 의해 실내 공기 중 라돈 수치가 비정상적으로 높아짐이 발견되어 사회적인 이슈로 부각되었다.

실내 공기오염은 이 밖에도 휘발성 유기용제, CO_2, 유리섬유, 악취, CO, NOx, 병원성 세균 등을 들 수 있으며 작업장의 실내 공기오염은 특정한 유독물질의 비정상적 농도분포를 예상할 수 있다. 실내 공기오염 방지대책은 금연과 잦은 환기 등의 손쉬운 방법과 함께 대규모 작업장의 경우 에너지의 손실을 최소화하면서 공기를 정화할 수 있는 공기 조절 시스템의 도입이 현재로선 최선이다.

3.8.5 기타 실내 공기오염원

담배연기, 석면, 폼알데하이드, 라돈가스 이외에도 다양한 실내 환경에 따라 여러 종류의 오염물질이 존재한다. 실내 대기 중 부유 분진은 대부분 납이나 카드뮴 등의 중금속을 포함한 금속 또는 금속화합물이며, 이것들은 기관지염을 일으키거나 중금속 오염과 호흡기 병약자들의 사망을 유발하기도 한다. 불완전연소에 의해 생성된 일산화탄소는 독가스로 작용하고 사무기기에서 발생되는 오존은 호흡기 및 안구의 자극, 기침, 두통 등을 유발하며 심한 경우 급성 폐부종에 이르게 된다. 다양한 유기휘발물질(volatile organic compound, VOC)은 저농도하에서는 두통과 현기증, 불쾌감을 유발하나 공기 1 m^3당 25 mg 이상이 존재하게 되면 감각마비와 의식상실 등의 독작용을 나타낸다. 이 외에도 미생물적 오염물질로서 포도상구균, 간균, 진균 등 병원성 미생물들이 있으며 병원이나 대형 건물의 환기장치를 통해 전염성질환을 전파한다. 공장 등 실내 작업장의 경우 건강상 악영향이 없다고 인정되는 유해물질의 농도를 작업장한계농도 혹은 허용한계농도(threshold limit value, TLV)라고 하며 시간가중평균치 TLV-TWA (time weighted average), 최고한계치 TLV-C(ceiling), 단기노출한계치 TLV-STEL(short time exposure limit) 및 허용노출농도 TLV-PEL (permissible exposure level) 등이 있다.

〈표 3.12〉 대기오염물질의 TLV(ppm)

물질명	TLV	물질명	TLV
CO_2	5000	NO_2	5
CO	100	SO_2	5
NH_3	50	freon12	3
NO	25	SiH_4	0.5
HCN	10	PH_3	0.3
H_2S	10	$COCl_2$	0.1

TLV-TWA는 일반적으로 TLV 수치를 대표하며, 국제적으로는 200 ppm 이하의 경우를 독성기체로 분류한다. 그러나 국내의 경우 고압가스안전관리법 시행규칙에는 허용농도(TLV-TWA)가 5,000 ppm 이하의 것을 독성기체로 규정하고 있다.

3.9 엘니뇨와 라니냐

최근의 세계적인 기상재해는 해수온도의 비정상적인 분포에 기인하며, 대표적인 현상은 엘니뇨(El Nino)와 라니냐(La Nina)이다. 엘니뇨는 스페인어로 남자아이(the child)라는 뜻이고, 아기 예수를 의미하기도 한다. 엘니뇨란 용어는 오래전부터 사용되었으며 2~7년마다 한 번씩 12월 말쯤 크리스마스를 전후로 중남미 페루의 과야킬만에 북쪽으로부터 난류가 내려와 평소에 없었던 어종을 잡을 수 있었다. 이런 현상은 이 지역의 대표적 어종이고 한류성 어류인 안쵸비(멸치일종)가 잡히기 시작하는 다음 해 3월까지 지속되다가 사라진다. 페루의 어민들은 이 현상이 불규칙적이지만 경제적 유익을 가져왔으므로 하나님의 은혜라고 생각하여 엘니뇨라고 불렀으며 시작되는 시점도 크리스마스와 유사하였다.

그러나 전 지구적인 대기와 해양의 기상관측망이 정비되기 시작한 1950년대 초반 이후, 이 현상은 남미 일부에서 진행되는 국지적 현상이 아니라 날짜 변경선이 있는 태평양 중앙부까지 연결되는 대규모임이 밝혀졌다. 또한 이 현상은 인구밀집지역인 북반구의 기압권에도 영향을 주어 이상기후발생에 직접적 원인이 된다는 것을 알게 되었다. 태평양 동부인 페루 연안의 정상적인 표층 해수온도는 같은 위도의 서부 태평양지역 파푸아뉴기니와 인도네시아 연안의 표층 해수

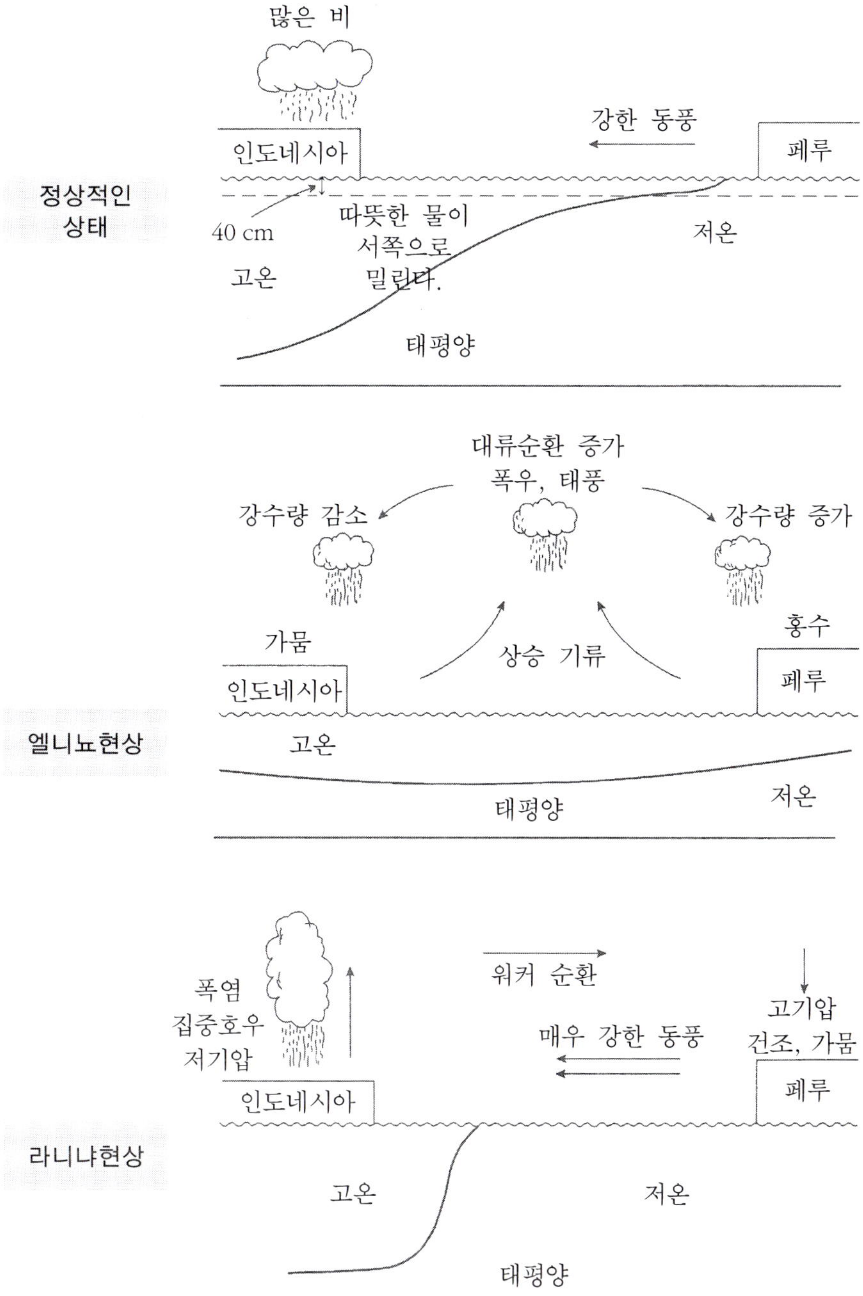

[그림 3.15] 엘니뇨현상과 라니냐현상

온도보다 낮다. 그 이유는 동쪽에서 불어오는 강한 무역풍이 남미 연안의 따뜻한 표층바닷물을 서쪽으로 밀어내어 수심 200～300 m 깊이의 차가운 해수가 표면으로 용승(upwelling)되기 때문이며 남미 해안을 따라 남쪽으로부터 올라오는 저온의 페루한류도 영향을 끼쳤다. 이런 정상적인 해수온도분포는 서쪽 태평양지역을 고온다습하게 하며 많은 비를 내리게 했다. 그러나 페루연안은 강수량도 적고 서늘하며 차가운 해수의 용승작용으로 풍부해진 영양염이 안쵸비의 황금어장을 형성시켰다. 그 결과 페루의 멸치(안쵸비)생산량은 전 세계의 20 %를 차지할 정도였다.

또한 바다 갈매기인 구아노의 왕성한 번식과 배설물의 대량축적은 질소비료원료인 칠레초석(Chile nitre)까지 얻어지는 경제적인 혜택까지 남미 연안 국가들에게 제공하였다. 그러나 최근의 엘니뇨현상은 3월이 되어도 소멸되지 않고 일년 내내 지속되는 경우가 많아졌다. 그 결과 정상적인 수온분포가 깨져 안쵸비의 어획량이 급격히 감소함과 동시에 세계 도처에서 기상재해가 연속되는 결과를 초래하였다. 1982～1983년 사이에 발생한 엘니뇨는 가장 큰 피해를 주었다. 페루는 어획량 감소와 폭우 등의 기상재해로 인해 GNP의 12 %가 감소했으며, 미국 남동부에서는 폭염으로 수백 명이 사망했다. 서쪽 태평양지역에서는 반대로 건조한 기후와 가뭄 때문에 곡물수확량의 감소와 함께 대규모 산불, 폭염 등으로 2000여명이 죽고 재산상의 큰 피해를 입었다. 세계적인 재산피해액만 약 130억 달러로 추산되었다. 페루연안의 수온이 정상적인 경우에 비해 2～5℃ 높은 상태가 지속되는 엘니뇨현상은 정상수온일 경우 동부 태평양지역에 비해 서부 태평양지역 평균해수면의 높이를 40 cm까지 높여주었던 강한 동풍인 무역풍의 약화를 가져와 비정상적인 수온과 기압분포를 지속시키게 된다.

기상학자들은 동태평양 해수면의 온도가 5개월 이상 정상치보다 0.5℃ 이상 높게 유지되면 엘니뇨현상으로 정의하고, 온도차이의 크기에 따라 엘니뇨의 강도를 예측한다. 그러나 반대로 정상치에 비해

0.5℃ 이상 낮게 유지되면 라니냐로 정의한다. 라니냐는 스페인어의 '여자아이'를 의미하여, 엘니뇨의 반대되는 현상이다. 그 원인은 동쪽으로부터 불어오는 동태평양상의 적도 무역풍이 평소보다 강하기 때문이며, 서태평양의 해수온도를 평소보다 상승시킨다. 또한 이 강한 하층부 동풍은 서태평양지역에 상승기류와 저기압을 형성시키며 대류권 상층부 편서풍을 거쳐 동태평양의 고기압과 하강기류를 형성시킨다. 이를 적도지역의 워커순환(Walker circulation)이라 하는데 라니냐는 비정상적으로 강해진 워커순환이 특징이다.

따라서 라니냐는 엘니뇨로 인한 심한 가뭄과 살인적인 더위에 시달렸던 서태평양의 동남아시아 지역에는 대규모 홍수와 혹한을 가져오며, 동태평양의 미주지역에는 건조한 기후와 가뭄을 발생시킨다. 1998년의 경우 10월까지 지속된 중국 양쯔강의 대홍수도 라니냐와 무관하지 않다. 엘니뇨가 12월 크리스마스를 전후하여 나타나 다음해 폭서를 가져온다면 라니냐는 5~6월쯤 발생하여 겨울철 혹한을 동반한다. 기상자료가 정비되기 시작한 1950년대 이후 엘니뇨는 13회, 라니냐는 10회가 관측되어 피해를 감소하기 위한 국가간의 협력이 활발히 진행되고 있다.

CHAPTER

4

물

물의 성질과 순환

물은 인간을 포함한 모든 생물의 생존에 필수적 요소이고, 많은 생물 종들의 서식지로 이용되고 있다. 사람은 체중의 65%가 물이고, 수박은 99% 이상이다. 대부분의 생물들은 50~60% 이상이 물로 구성되어 있고, 물의 흥미로운 성질들은 생물의 생명활동에 매우 유익하게 작용하고 있다.

4.1.1 물의 특성

물의 독특한 성질 가운데 첫 번째는 센 수소결합을 들 수 있다. 물분자(H_2O) 사이에 존재하는 이 힘은 물이 가지는 여러 가지 특징들의 원인이고, 물분자와 물분자를 서로간에 당겨 액체분자간 인력을 증가시킨다. 센 액체분자간 인력은 액체상으로 존재하는 온도구간을 넓게 유지하고 표면장력을 크게 한다. 또한 물의 수소결합은 고체상 얼음이 액체상 물보다도 큰 부피를 가지게 하며 융해열이나 기화열 또한 크게 한다.

물은 정상적인 대기압하에서는 100℃에서 끓고 0℃에서 언다. 이와 같이 넓은 온도구간의 액체상은 생물들의 이용에 용이하고, 녹색식물은 액체분자간 인력에 기인한 표면장력과 모세관현상을 통해 광합성반응에 필요한 물을 뿌리로부터 전달받는다.

또한 물은 4℃일 때 1 g/cm^{3}의 가장 큰 밀도를 가지므로 0℃ 이하에서 얼 경우 액체에 비해 부피가 팽창하여 암석의 균열과 자연적인 풍화작용을 촉진한다. 물의 밀도가 4℃에서 가장 큰 성질은 내륙의 호소수와 해양의 수직적 물의 순환을 가능케 한다. 이른 봄과 늦은 가을, 차가운 공기층과 접촉하고 있는 수층표면의 온도가 4℃로 되면 무거운 상층부의 물이 아래로 내려가고 영양염류를 많이 가진

하층부의 물이 표면층으로 올라온다. 이를 통해 상대적으로 높은 산소농도의 표면층과 영양성분이 풍부한 하부층의 물이 순환하여 혼합된다. 강한 수소결합으로 인해 물이 가지는 큰 상전이열은 물의 순환과정을 통해 지구상의 열이 지역적으로 골고루 분포되게 하는 작용을 한다.

또한 물이 얼 때 방출하는 큰 응고열은 겨울철 호소수가 바닥까지 어는 것을 막아준다. 이는 표층수면이 얼 때 방출하는 열량이 아래층 물의 온도를 상승시키기 때문이고 혹한 중에도 수중 생태계를 정상적으로 보존한다.

물의 특성 중 두 번째는 큰 열용량(heat capacity)이다. 물은 천천히 데워지고 천천히 식어 온도의 큰 변화 없이 많은 열을 저장할 수 있다. 이는 구성요소 중 물이 가장 큰 비율을 차지하는 거의 대부분의 생명체들을 외부 온도변화로부터 보호해 준다. 또한 지구는 표면적의 71 %를 차지하는 물로 인해 지표의 온도변화를 급격하게 나타내지 않는다.

세 번째는 물의 큰 용해성이다. 물은 다양한 물질을 녹일 수 있는 좋은 용매이다. 식물이 뿌리로부터 빨아들인 물속에는 성장에 필요한 여러 가지 무기이온이 들어 있고, 사람이 운동 후 흘리는 땀 속에는 산화노폐물이 용해되어 있다. 또한 현대사회가 물질문명의 번성을 통해 발생시킨 여러 형태의 유해물질을 용해하거나 세척하여 부분적 희석작용을 진행한다. 소금과 여러 가지 염이 용해되어 있는 바닷물은 어는점내림 현상으로 인해 0℃ 이하에서도 얼지 않는다.

4.1.2 수자원

예부터 흔한 물질의 대명사로 물을 들곤 했는데, 실제 지구상의 물은 총량이 14억 km^3 정도로 풍부하다. 그러나 현대사회는 에너지분야와 공업용수로 엄청난 수요를 발생하여 물 부족현상을 초래하였고, 지구온난화에 따른 사막화와 오・폐수량의 증가는 수질오염을 더욱 심화

〈표 4.1〉 지구상의 수자원분포

성 질	형 태	부피백분율(%)
담수	만년설과 빙하	1.984
	지하수	0.592
	호소수	0.007
	토양함수	0.005
	대기	0.001
	강	0.0001
	생물상 및 기타	0.0001
염수	해수	97.40
	염수호	0.008

시키고 있다. 지구상의 엄청난 수량에 비해 인간이 이용가능한 부분은 극히 일부분으로 제한되어 있으므로 현실적으로 수자원이라는 용어를 실감 있게 받아들이고 있다.

지구상의 수자원은 성질상 크게 담수와 염수로 구분할 수 있다. 염수는 부피비율로 97.4 %의 해수를 포함하고 있다.

수자원의 분포공간에 따른 분류는 크게 육지표면의 지표수(surface water)와 지표 아래의 지하수(ground water), 그리고 바닷물의 해양(ocean)으로 나눈다. 지표수는 가장 쉽게 사용할 수 있는 물로서 하천, 호소, 인공저수지 등이 있고 만년설도 포함한다. 강수 중 지하로 침투하여 흙과 암반으로 구성된 포화대(zone of saturation)를 가득 채우는 물을 지하수라 한다. 지하수면(water table)은 포화대 상층부인 통기대와 포화대의 경계이다. 지하수면은 대개 수십 내지 수백미터의 깊이에 있고, 강수량이 많은 계절에 높아지고 갈수기에 낮아진다. 지하수가 흘러가는 다공질층을 대수층(aquifers)이라 하고, 지하수의 이용은 이곳의 물을 뽑아 올리는 것이다. 대수층은 거대한 지하 호소와 같고 지하수의 흐름속도는 고도와 압력의 차이, 토양공극률에 의해 결정되며 대개 연간 수미터에서 수십미터 정도로 매우 느리다. 미국의 경우 상수원의 50 % 이상과 농업용수의 40 % 정도를

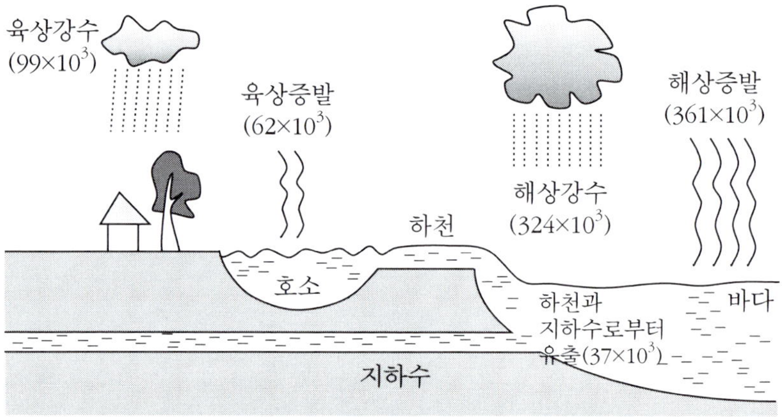

[그림 4.1] 지구상의 연간 물 순환량

대수층의 지하수로부터 얻고 있으나, 우리나라의 경우 1년 전체 강수량의 1 % 정도인 16억 m^3의 지하수만 이용된다. 지하수의 무분별한 사용은 대수층의 오염을 가속화하고 지반침하와 해안지역 대수층의 해수역류현상을 초래할 수 있다. 수자원 중 가장 많은 양을 차지하는 해수는 용존 염분으로 인해 직접 사용이 곤란하다. 해수의 탈염(desalting, desalination)과정은 주로 증류(distillation)와 역삼투법(reverse osmosis, RO)방식을 통해 이루어진다. 그러나 고비용과 잔류염분처리의 문제점으로 인해 이용률이 낮아지는 추세이고, 현재는 전 세계 담수 수요량의 0.1 %를 차지하고 있다.

4.1.3 물의 순환

지구상에 있는 물은 계속해서 순환한다. 이 과정을 통해 인간과 생물은 필요한 물을 확보한다. 물은 육지와 해양으로부터 액체상태로 증발(evaporation)하고, 만년설과 빙하로부터 공기 중으로 직접 승화(sublimation)되기도 한다. 이때 필요한 에너지는 태양광으로부터 얻는 직접적인 복사에너지와 대기이동 같은 간접적인 에너지의 두 가지 형태가 있다.

대기 중으로 이동한 물은 수증기상태에서 고도상승과 단열팽창 과정을 반복하여 다시 응축(condensation)되어 비로 내린다. 이 과정에서 일부 수증기는 고체상태의 눈이나 우박으로 변하여 다시 낙하한다. 비를 포함한 대기 중의 수증기가 육지와 해상의 표면으로 내려오는 것을 강수(precipitation)라고 한다. 해양은 강수량보다 증발량이 많고 육지는 반대로 강수량이 많으므로 그 차이에 해당되는 물의 양이 하천과 지하수의 형태로 바다로 흘러 들어간다. 지구가 생긴 이래로 전지구상에서 물의 순환은 계속되고 있다.

4.2 수질오염원

물은 자연적 정화능력이 있으므로 소량의 오염물질이 유입될 경우 미생물과 용존산소의 분해작용으로 인해 수질의 변화를 일으키지 않는다. 물이 가진 자정작용(self purification) 이상의 오염물질이 유입될 때 수질오염(water pollution)은 시작된다. 물이 가진 이 자정능력의 크기를 환경용량(environmental capacity)이라 한다. 수질오염은 물이 가진 물리화학적 및 생물학적 특성이 변하여 생태학적 피해를 주고 물의 이용가치를 감소시키는 현상이며, 인간활동이 주된 요인이다. 수질을 악화시키는 인위적 원인은 생활하수, 산업폐수, 농・축산폐수, 광산폐수 등이 있고, 이 밖에 열에 의한 오염도 있다.

4.2.1 생활하수

도시지역에 거주하는 사람들은 생활에 필요한 물을 상수도로부터 공급받아 사용한다. 사용 후 버리는 물을 하수라 한다. 인간의 거주지

〈표 4.2〉 생활하수 중 음식물(1 mL)의 오염도

종 류	정화시 필요수량(L)	종 류	정화시 필요수량(L)
식용유	200	주스	12
간장	166	사이다	10
소주	50	라면국물	3.7
우유	21	갈비탕	1.1
맥주	14	해물탕	0.5

역을 거쳐 온 하수에는 하천의 환경용량을 초과한 오염물질이 들어 있는 경우가 대부분이다. 대개 분뇨, 음식물 찌꺼기, 세제, 상업용 건물로부터 배출되는 오수 등이 도시지역 하수의 주성분이다. 우리나라의 경우 국민 1인당 하수발생량은 하루 평균 300 L 정도이고, 하수처리율은 30 % 미만이다.

법적으로 강한 규제를 받는 다른 발생원에 비해 생활하수는 사용자의 자율조절에만 그 발생량의 감소를 기대할 수밖에 없다. 선진국의 경우 하천과 연안오염의 60～70 %가 생활하수에 의한 오염이다. 국내의 경우 하수처리율이 2010년 기준 67.4 % 정도로서, 네덜란드의 96 %, 스위스의 94 %, 독일의 89 %, 영국 86 % 등에 비해 매우 낮은 실정이다. 또한 생활하수의 처리시 합성세제성분의 처리비용이 가장 높다.

합성세제는 하천과 호수에 유입되어 물의 자정작용을 방해할 뿐만 아니라, 거품발생과 부유입자의 응집을 방해하여 하수처리를 곤란하게 만든다. 보조제(builder)로 포함된 인산염은 호소의 부영양화를 촉진시킨다. 최근 시판되는 세제들은 인산이 들어 있지 않고 생물분해가 용이한 연성세제가 대부분이지만, 인구증가와 생활수준의 향상에 따른 세탁물 부하와 세탁기 보급률의 증가로 인해 세제 사용량이 지속적으로 증가하고 있다.

4.2.2 산업폐수

산업폐수(industrial wastewater)는 공장의 생산공정에서 배출되는 폐수이고, 산업체의 종류에 따라 폐수량과 폐수성분이 완전히 다르다. 그러나 생활하수에 비해 고농도의 유해성 물질이 단시간에 발생하는 점이 산업폐수의 특징이다. 금속공장은 방출수에 중금속을 포함하는 경우가 많기 때문에 미생물에 의한 분해가 곤란하고, 생물농축을 통해 이타이이타이병과 같은 중금속오염을 발생시키기도 한다. 또한 화학공업, 섬유공업, 제지공업, 도금산업, 기계류제조업 등 각종 산업체의 폐수방출은 그 성분의 독립성으로 인해 각 산업체별 폐수처리를 법적으로 규정하고 있다. 임해공단의 폐수 무단방류는 유해 독성물질로 인해 연안 해역의 양식장을 황폐화하기도 한다.

4.2.3 농·축산폐수

농업에서 발생되는 폐수는 대부분 농약에 의한 것이고, 독성과 분해기간이 각기 다르다. 질소비료의 과다사용에 따른 지하수의 질산염오염은 식수를 통해 유아들의 청색증을 발생시키기도 한다. 인체 내로 유입된 과량의 아질산이 혈액 내 헤모글로빈과 결합할 경우 메트헤모글로빈(methhemoglobin)을 형성하여 산소공급이 방해를 받는다. 또한 체내의 아민과 결합할 경우 발암물질인 나이트로소아민(nitrosoamine)을 형성하기도 한다. 증가되는 농약사용량은 토양과 수질의 오염농도를 점증시키고, 자연계의 먹이사슬을 통해 인간을 위협하고 있다.

축산폐수는 발생량이 생활하수와 산업폐수에 비해 많지 않지만 대부분 가축분뇨이므로 유기물 부하량이 상대적으로 크다. 대규모 축산단지는 법으로 폐수성분기준을 정하고 있으나, 국내의 경우 축산업의 영세성으로 인해 폐수처리시설의 설치와 가동률이 낮아 실제적 효과를 기대하기 힘든 실정이다. 축산폐수는 발생지역이 대부분 상수도

수원지역과 인접하고, 악취와 해충의 발생뿐만 아니라 미처리 폐수로 인한 호소의 부영양화, 분뇨에 포함된 병원성 미생물에 의한 지하수 오염 등이 근본적인 문제점이다. 국내 축산폐수량은 2007년 기준으로 하루 연 5,060만톤 정도이고, 하천에 방류되는 총폐수량의 1 % 정도이지만 유기물 부하량으로 보면 17 %에 해당한다. 축산폐수에서 발생되는 악취는 암모니아, 황화수소, 휘발성지방산 등이 주성분이다. 일본의 경우 한 해 동안 발생한 전체 축산악취 발생량 중 양돈에 의한 부분이 40 %, 낙농 29 %, 양계 22 %, 육우 9 %였다.

4.2.4 광산폐수(mine drainage)

광산활동은 지하광석의 산화를 촉진시켜 주변 지표수와 지하수의 산성도 및 금속이온농도를 증가시킨다. 특히 완전히 밀봉되지 않은 폐광 갱도의 빗물 유입은 이런 현상을 심화시켜 인근 농경지의 중금속 오염과 작물성장에 많은 피해를 준다. 구리의 경우 수중농도가 400 ppm 이상이면 벼의 뿌리는 썩고 고농도의 아연과 철분도 식물성장을 저해한다.

4.2.5 열오염(thermal pollution)

열오염은 핵발전소와 화력발전소의 냉각수 방출로 인한 수온상승이 대표적 형태이고, 수중 생태계의 균형을 깨뜨린다. 수온상승은 산소기체의 용해도를 낮추어 용존산소량의 감소를 유발하지만 오히려 수중 동물들의 호흡수는 증가시켜 산소결핍상태를 발생시킨다. 또한 산란과 부화에 필요한 저온을 유지할 수 없어 특정어류의 고갈을 야기한다. 또한 수온상승은 수중 식물과 조류(algae)의 번식과 성장을 촉진시켜 조류현상(algal bloom)과 부영양화(eutrophication)를 촉진하게 된다.

4.3 해양오염

바닷물의 오염은 그 원인을 세 가지로 살펴볼 수 있다. 첫째는 육상으로부터 유입이다. 육상의 다양한 오염원으로부터 오염된 지표수와 지하수가 육상오염물질(land based pollutants)을 연해로 유입하는 경우이다. 두 번째는 해상으로부터 오염물질의 발생이고, 선박의 운항과 해난사고 등에 의한 오염물질의 해양 내 유입이다. 세 번째는 대기로부터의 오염물질 유입이고, 먼 바다에서 검출되는 중금속과 농약성분들이 좋은 예이다. 이들 중 육상으로부터 유입이 전체 해양오염물질 발생량의 80 %를 차지하는 가장 큰 오염원이다. 세계 인구의 자연증가율을 크게 앞지르는 해안지역 인구증가율은 육상으로부터 오염물질 유입을 더욱 가속화시키고 있다. 해양오염의 대표적 피해형태는 적조현상과 유류오염이다. 이 밖에도 분해성 유기물, 합성세제, 중금속, 유독물질 등에 의한 오염도 있다.

4.3.1 적조

적조(red tide)는 특정 플랑크톤의 비정상적 급격한 번식과 집단화현상을 가리키는 용어이고, 조류현상 전체를 상징하는 용어이다. 적조 발생 플랑크톤의 종류는 우리나라의 경우 주로 식물성 플랑크톤에 의한 것이고, 규조류로서 *Skeletonema* 속, *Chaetoceros* 속, *Nitzschia* 속, 편모조류로서 *Gymnodinium* 속, *Prorocentrum* 속, *Heterosigma* 속, *Noticula* 속이 있고, 그 밖에 동물성 플랑크톤의 섬모충류가 있다. 적조는 조류현상 자체를 의미하기도 하지만 적조의 결과로 물의 색깔이 변하는 현상을 나타낼 때도 있다. 적조현상은 규조류와 편모조류에 의한 연안지역 적조 이외에도 남조류와 녹조류에 의한 담수호의 적조와 Trichodesmium 종에 의한 외해적조도 있다. 적조발생의 원인은 질산염과 인산염의 수중농도 증가, 철 및 망가니즈(Mn) 등의 무기이온농도 증가, 풍부한 일조량과 수중광합성량의 증가, 적당한 수온, 물의 이동속도 감소 등을 들 수 있다. 그러나 발생기구는 매우 복합적이고 다양하여 아직도 완전히 밝혀지지 않고 있다. 다만 같은 해역에서 같은 종류의 적조가 계절에 관계없이 발생하는 현상을 통해 조류의 휴면포자들이 직접 관여한다는 사실이 알려져 있다. 적조는 플랑크톤의 집단유해가 분해하는 과정에서 많은 산소를 소모하기 때문에 수중 생태계의 질식상태를 유발한다. 일부 조류들이 지닌 독성은 양식 어패류의 폐사뿐만 아니라 오염 어패류의 섭취를 통한 인명사고의 위험도 있다. 적조의 독성은 마비성패독(paralytic shellfish poison, PSP), 설사성패독(diarretic shellfish poison, DSP), 기억상실성패독(amnesic shellfish poison, ASP) 등이 있다. 마비성패독은 주성분이 Saxitoxin(STX)이고, 쌍편모조류로부터 홍합과 게에 전달되고 복어독의 Tetrodotoxin(TTX)과 유사한 맹독성이다. 그것은 북반구 온대해역 적조현상에 가장 흔하게 나타난다. 설사성패독은 인체 내에서 소화기 계통의 장애를 일으켜 설사와 복통, 구토 등의 증세를 나타낸다. 폴리카보실산의 일종인 오카다산(okadaic acid)이 주성분이고 쌍편모조류인 *Dinophysis* 속의 플랑크톤에서 생산된다. 또한 DSP 성분은 일본 동북부해안과 북서유럽의 근해에서 채취한 홍합에서 발견되고 가비리조개와 대합에서도 간혹 나타난다. ASP 성분은 도모익산(domoic acid)이 주성분이고 규조류 플랑크톤에서 생산되어 굴이나 조개 등을 통해 인간에게 전달되며 뇌의 신호수신체계를 손상시킨다.

적조의 대책은 예방과 피해방제로 구분할 수 있다. 예방법은 바다로 유입되는 지표수의 오염도를 낮추기 위해 하수처리율을 높이는 방법이 대표적이다. 피해방제법은 화학약품살포와 점토살포가 대표적이다. 화학약품살포는 황산구리화합물의 살포를 통해 적조발생 생물을 치사시키는 방법이다. 우리나라에서 많이 사용하고 있는 점토살포법은 활성점토성분인 황토를 살포하여 조류와 독성물질을 흡착제거하는 방식이다.

4.3.2 해상유류오염

해양에 유입되는 유류의 양은 1980년대 말 기준 약 230만톤 정도이다. 이 양은 현재에도 크게 변하지 않은 것으로 추정한다. 해양유류오염의 경로는 선박운항에 따른 유출, 유조선사고, 육상으로부터 유출의 세 가지 형태이다. 선박운항에 따른 기름유출은 유조선과 화물선의 밸러스트수(ballast water)의 유출에 따른 오염과 일반 운항에 따른 기름유출이 주요 원인이다.

국내의 경우 최근 10년 동안 유조선 및 선박사고에 의한 유류오

〈표 4.3〉 대표적 유조선 사고 및 해양 유정 사고

선박명	사고연월	장 소	유출유(톤)	피해상황 및 특징
엑손발데즈	1989.3	미국 알래스카만	원유 (35,000)	해안서식 동물 수십만마리 몰사, 해만 1600 km 오염, 방제비용 220억 달러
에이지언	1992.12	스페인 라코르쟈만	원유 (73,000)	유출유 대부분 화재로 연소 해안선 100 km 오염
브레어	1993.1	영국 세트란드만	원유 (85,000)	강풍으로 유출유 증발촉진, 해조 천여마리 몰사, 어업금지
제5금동	1993.9	한국 여천 앞바다	중유 (1,228)	해안 158 km 기름띠, 어장 및 양식장 400 ha 피해
씨프린스	1995.7	한국 여천 앞바다	중유 (700)	해안 47 km 오염, 분산 기름띠 동남해와 남동해로 이동 피해
허베이 스피리트	2007.12	한국 태안 앞바다	원유 (15,000)	양식장 및 어장 피해, 천수만 철새도래지 영향
딥워터 호라이즌 (BP사 시추시설)	2010.4	미국 멕시코만	원유 (750,000)	해양생태계 황폐화, 150일 만에 밀봉, 피해소송비 제외 수습비용 80억 달러 이상

염은 감소하는 추세이나 어선 및 일반선박의 운항에 따른 오염은 증가하고 있다.

해상에 유출된 기름은 해수표면을 따라 넓게 퍼졌다가 시간의 경과에 따라 에멀젼 상태로 된다. 이 경우 물속의 수직확산도 이루어지며, 일부는 침강하고 나머지는 결국 수 cm~수십 cm 크기의 타르볼(tar ball)을 형성하여 더 이상 분해되지 않는 상태로 변한다. 수면에 넓게 퍼진 기름막은 공기와의 접촉을 차단하고 햇빛 반사율을 높여 수중의 광합성을 방해한다. 이것으로 인해 용존산소량은 급격히 감소한다. 또한 해안서식 동물들이 직접 기름에 노출되면 날거나 물 위에 뜨지 못하고 어패류의 경우 기름 독성과 호흡곤란으로 죽게 된다. 유류오염에 의한 해양생태계의 파괴는 수십년간의 회복기를 필요로 하는 경우가 대부분이다. 1995년 7월 우리나라 여천군 소리도 앞 해상에서 좌초한 씨프린스호의 경우와 같이 유출된 700톤 유류의 방제에 180억원이 소요되어 방제비용도 많이 드는 편이다. 따라서 밸러스트수의 기술적 교환과 방출, 유조선운항의 안전성 강화, 연안공단의 폐유방출방지 등 예방책이 유류에 의한 해상오염을 낮추는 가장 효과적인 방법이다.

4.3.3 백화현상

우리말로는 갯녹음이라고 불리는 백화현상(whitening)은 연안의 해조류와 어패류의 고갈을 발생시키는 자연현상이다. 백화현상은 바닷물속 이온들로 인해 형성된 탄산칼슘이 수중에 분산되어 있거나 수심이 얕은 바닷속 바위나 해양생물의 표면에 침전되어 결정화한 것으로서 바다 밑이 흰색을 띠게 되고 해양생물의 사멸을 초래한다. 인위적인 오염원은 아직 밝혀지지 않았으나 물에 대한 탄산칼슘의 용해도가 매우 작고 수온에 따른 용해도 차이가 미미한 점을 통해 육지로부터 유입된 물이 가장 큰 원인으로 추정한다. 가능한 예로서 칼슘염이 과다하게 들어 있거나 탄산칼슘의 용해도를 더욱 감소시킬 물질의 존재

등을 들 수 있다. 우리나라의 경우 30여 년 전 처음으로 동해안 일부 지역에서 발견되었으나 최근까지 피해지역이 점차 넓어져 연안 바닥층 해양 황폐화의 원인이 되고 있다.

4.4 수질의 평가

오염되지 않은 자연의 물은 부유물질이 없고 무색무취와 적정온도, 적정산소농도를 가져야 한다. 인간이 이용하는 물은 오염도에 따라 용도를 구분하고 대부분의 농도는 ppm(parts per million)이나 ppb(parts per billion)로 나타낸다.

4.4.1 탁도와 부유물질

탁도(turbidity)는 토양의 점토입자 등에 의해 감소된 물의 투명성을 평가하는 지표로서 정수방법의 선정에 사용되기도 한다. 미세입자에 의해 물이 혼탁될수록 평가도수는 높아지고 음용수의 경우 2도를 넘지 않도록 규정하고 있다. 부유물질(suspended solid, SS)은 여과하여 제거할 수 있을 정도의 크기를 가진 고형물이고 mg/L 단위로 양을 표현한다. SS값이 클수록 탁도는 증가한다. 우리나라의 경우 1급수의 기준은 SS값이 1 이하이다.

4.4.2 산성도

물의 산성도(pH)는 물의 수소이온농도에 의해 결정되고, 그 농도의 대수값이 pH이다.

$$pH = -\log[H^+] \quad (4.1)$$

3.5절에서 설명한 것처럼 pH 7을 기준으로 그 이하를 산성, 그 이상을 염기성 또는 알칼리성이라 한다. 수소이온의 농도값이 10배 변할 때마다 pH값은 1씩 변한다.

순수한 물은 pH 7.0이지만 보통의 자연수는 pH 5.7~7.5 정도이다. 산성비에 의해서는 pH값이 낮아지고 수용액 중 무기이온과 염의 용해도에 따라 pH값이 높아지기도 한다.

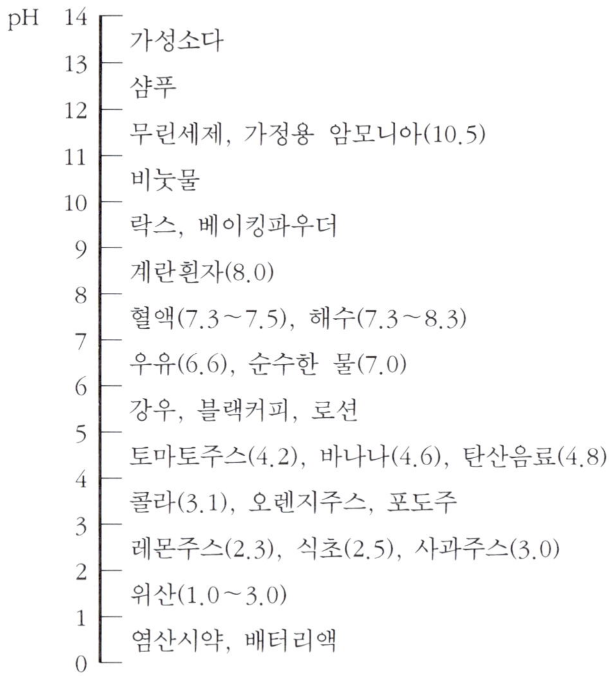

[그림 4.2] 몇 가지 수용액의 pH 수치

4.4.3 용존산소량(dissolved oxygen, DO)

자연의 물속에 녹아 있는 산소는 공기 중 산소가 용해된 것이 대부분이고, 수중식물의 광합성을 통해서도 일부 공급된다. 대기 중 산소가 물에 녹는 양은 수온이 낮을수록 증가한다. 10℃, 1 L 물의 경우 11.3 mg 정도로 작다. 수중산소는 어류의 호흡뿐만 아니라 조류와 바닥의 저서생물에도 필수적이다. 그러나 유기물이 오염물질로 유입되면 분해과정에서 산소를 소모하여 DO가 감소한다. 오염도가 높을수록 DO는 더욱 감소하나 오염물질이 분해된 다음 다시 서서히 정상값으로 회복된다. 따라서 DO값은 유기물질 오염도의 척도이고 클수록 맑은 물을 의미한다. 물고기가 살 수 있는 조건은 적어도 4 ppm 이상이고, 2 ppm 이하에서는 물고기의 성장에 현저한 장애를 발생시킨다.

용존산소는 온도상승이나 산소량이 많아지면 기체상태로 공기 중으로 쉽게 방출된다. 그러나 한번 낮아진 용존산소량은 증가할 때 매우 오랜 시간이 필요하다. 이로 인해 봄철에 기온이 갑자기 높아지

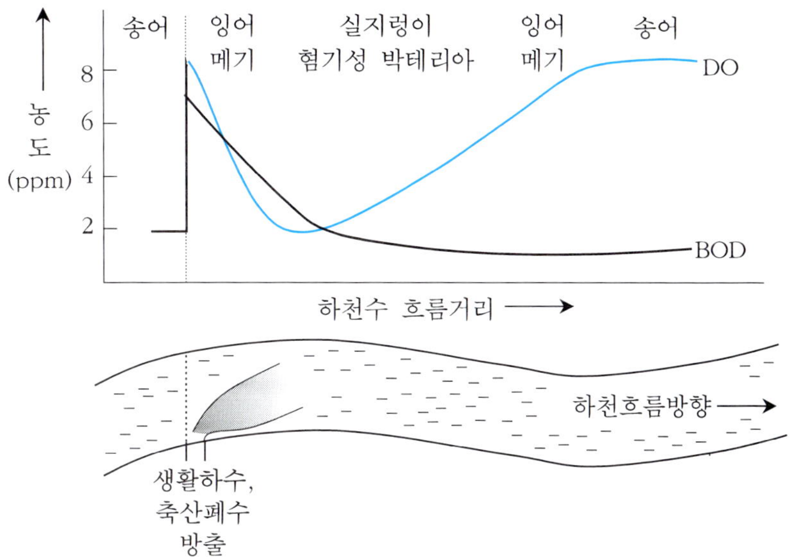

[그림 4.3] 오염물질유입과 하천수의 유역별 DO 및 BOD 변화

고, 가뭄으로 인해 수량이 줄어든 하천과 호수에 유기물질이 풍부한 생활하수나 축산폐수가 유입되면 산소부족으로 물고기들이 질식사한다. 인구밀집지역을 지나온 하천은 대개 상류지역에 비해 DO값이 감소한다. 우리나라 지표수의 경우 7.5 ppm 이상을 1급수로 규정하고 있다.

4.4.4 생물화학적 산소요구량

물속에 유입된 유기물질은 호기성 미생물에 의해 분해된다. 이때 소비되는 산소량을 생물화학적 산소요구량(biochemical oxygen demand, BOD)이라고 한다. 따라서 오염물질의 양이 증가하면 미생물의 자체 증식과 유기물 분해과정에 필요한 산소량도 증가하고 용존산소량은 감소한다. 그러므로 BOD값이 높을수록 오염도가 심하다는 것을 의미하고, BOD는 물속의 유기물 오염물질량을 전체적으로 나타내는 지표이다. BOD는 채취한 시험 원수를 5일간 어두운 장소에서 20℃ ±0.5에 두었다가 측정한다(BOD_5). 용존산소량은 온도에 따라 달라질 수 있고, 빛을 받으면 식물성 조류의 광합성 작용 때문에 산소 생산의 가능성이 있다. 물의 오염도가 심해 5일 동안 용존산소량이 고갈되어 버리면 원수를 희석한 후 다시 측정한다. 오염도가 대단히 약할 때에는 20일 동안 배양 후 측정할 수도 있다(최종 BOD_{20}). 공식적 BOD는 모두 BOD_5이다.

〈표 4.4〉 수질기준과 지표생물

급수별	BOD(ppm)	DO(ppm)	용 도	서식생물
1	1 이하	7.5 이상	식수가능	버들치, 가재, 쉬리, 열목어, 금강모치
2	3 이하	5 이상	수영가능	피라미, 쏘가리, 은어, 다슬기, 소금쟁이
3	6 이하	5 이상	공업용 1급	잉어, 붕어, 메기, 뱀장어, 미꾸라지
4	8 이하	2 이상	공업용 2급	실지렁이, 깔다구, 거머리, 나방애벌레
5	10 이하	2 이상	공업용 3급	수서 곤충류 대부분 서식 불가

우리나라의 경우 하천과 호수의 BOD값이 1 ppm 이하이면 1급수, 3 ppm 이하이면 2급수, 6 ppm 이하이면 3급수, 8 ppm 이하이면 4급수, 10 ppm 이하이면 5급수로 규정하는데 10 ppm 이상이면 공업용수로도 사용할 수 없다.

4.4.5 화학적 산소요구량

물속에 오염물질로서 유기물 외에 환원성을 지닌 아질산염, 제일철염, 황화물 등이 있으면 용존산소를 소모한다. 화학적 산화제를 이용하여 이 오염물질들을 산화하는 데 필요한 산소량을 화학적 산소요구량(chemical oxygen demand, COD)이라고 한다. 미생물의 증식과 오염물질분해에 필요한 시간을 기다리지 않아도 되기 때문에 BOD에 비해 측정시간이 매우 짧고 독성물질의 혼합오염시 미생물의 사멸로 인한 BOD 측정 불가능을 극복할 수도 있다. COD 측정시 산화제로 사용하는 화합물은 다이크로뮴산포타슘($K_2Cr_2O_7$)과 과망가니즈산포타슘($KMnO_4$)이다. 다이크로뮴산포타슘은 유기물의 80 % 정도를 분해하고 과망가니즈산포타슘은 60 % 정도만 분해하므로 측정의 결과를 나타낼 때 사용한 산화제의 종류를 반드시 명시해야 한다.

COD는 BOD와 마찬가지로 자연수와 폐수의 오염도를 평가하는 지표이고, 그 값이 클수록 오염물질의 농도가 진하다는 것을 나타낸다. 다만 COD는 무기물질의 산화반응까지도 포함하기 때문에 대개의 경우 BOD에 비해 약간 높은 수치를 나타낸다. 그러나 수질등급 기준으로서의 COD 수치는 1 ppm 이하를 1급수로 규정하는 BOD의 경우와 모두 동일하다.

4.4.6 대장균 군수

물속에 존재하는 대장균의 개수는 병원성 세균의 오염도를 나타내는 수질오염지표이다. 정상인의 장 내에 상재하는 대장균(coliform)은 대부분 비병원성이지만 일부는 장염을 유발한다. 장염유발 대장균은 장출혈성 대장균(enterohemorrhagic E. coli, EHEC)이 대표적이며 이 밖에도 장독성 대장균(enterotoxigenic E. coli, ETEC), 장침습성 대장균(enteroinvasive E. coli, EIEC), 장병인성 대장균(enteropathogenic E. coli, EPEC) 등으로 분류한다. EHEC는 시가독소(shiga toxin) 또는 베로세포독소(verocyto toxin)라고 불리는 독성물질을 생성하므로 시가독소 생성 대장균(shiga toxin producing E. coli, STEC)이라고 하며, O157 균도 여기에 속한다. 최근 일본에서 큰 피해를 나타내었고, 미주지역과 유럽, 그리고 우리나라에도 문제가 되고 있는 O157 대장균은 O157-H7과 O157-NM으로 구분하며 O는 혈청형을, 157은 대장균에서 발견된 157번째의 혈청형을 의미한다. 그리고 H는 대장균의 편모(flagella) 형태를 나타내며 NM은 운동성이 없음(non mobile)을 의미한다. O157 균은 10여개 정도의 작은 개수만으로도 감염되는 전염성이 강한 병원성세균이다. 건강한 사람에게는 가벼운 장염을 일으키지만 허약한 사람이나 일부 사람에게는 장출혈과 함께 용혈성 요독증(hemolytic uremic syndrome, HUS)을 동반하여 신장에 피해를 주고, 5～10 %의 사망률을 나타낸다.

또한 대장균은 체내에서와 마찬가지로 분뇨와 함께 체외로 배출되어 장티푸스, 이질, 콜레라 등 소화기 계통 질환의 병원균과 유사한 체외 분포상태와 체내 유입경로를 가지고 있다. 따라서 물의 대장균수는 모든 수인성 병원균의 분포밀도를 나타내는 척도이다. 측정방법은 먼저 시험 원수를 배양액에 희석시켜 섞은 후 35℃로 2일간 배양하고, 다시 한천배지에 살포하여 하루 동안 둔 다음 배지에 나타난 군락(colony)을 현미경으로 조사하여 대장균 군수를 측정한다. 일반적으로 원수 100 mL에 1개 이하이면 음용수, 10～100개이면 맑은 물, 1000～5000개이면 하수오염이 의심되는 수준, 5000～10000개이면 하수오염이 명백하고, 10만개 이상이면 하수수준으로 규정한다. 우리나라의 수질기준은 1급수 50 이하, 2급수 1000 이하, 그리고 3급수 5000 이하로 되어 있다.

4.4.7 경도

물속에 용해되어 있는 Ca^{2+} 및 Mg^{2+}의 무기금속이온 총량을 경도(hardness)라고 한다. 경도가 높은 물을 센물 또는 경수(hard water)라고 한다. 낮은 물을 단물 또는 연수(soft water)라고 하며 물속 Ca^{2+}의 농도가 10 ppm 이하이다. 경도가 큰 물일수록 비누는 잘 풀리지 않는다. 그 이유는 Ca^{2+}와 같은 수중 무기이온들이 계면활성제인 비누분자와 먼저 결합하여 침전되어 비누의 세정작용을 저해하기 때문이다. 따라서 세제의 효능을 높여주기 위해 물의 경도를 낮추는 물질들을 세제 속에 첨가한다. 초기의 보조제는 인산(phosphate)이 주로 이용되었으나 호소의 부영양화로 인해 사용이 규제된 후 킬레이트제로서 나이트릴로트라이아세트산소다(nitrilotriacetic acid, NTA)를 이용했다.

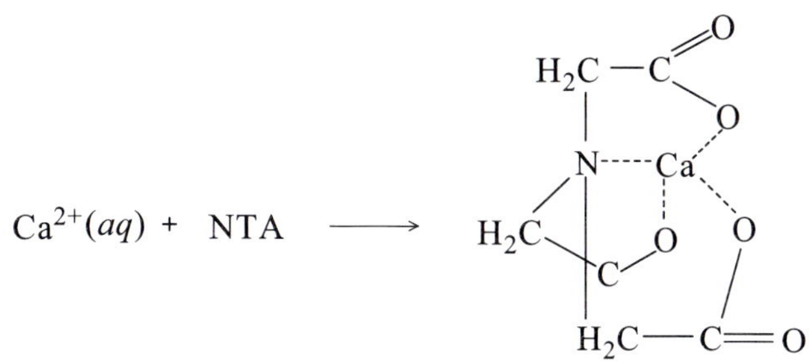

그러나 NTA는 기형아 출산과 발암의 가능성이 제기된 이후 사용이 금지되었다. 현재는 Na_2CO_3, Na_2SiO_3 및 제올라이트를 보조제로 사용하는 방법이 시도되고 있다. Na_2CO_3 및 Na_2SiO_3의 이용은 침전물의 제거와 용액의 알칼리성으로 인한 취급상 어려움이 문제점으로 남아 있어 제올라이트를 이용한 이온교환법이 현재 가장 널리 이용되고 있다.

$$Ca^{2+}(aq) + CO_3^{2-}(aq) \longrightarrow CaCO_3(s)\downarrow \tag{4.2}$$

$$Ca^{2+}(aq) + SiO_3^{2-}(aq) \longrightarrow CaSiO_3(s)\downarrow \tag{4.3}$$

$$CO_3^{2-}(aq) + H_2O(l) \longrightarrow HCO^{3-}(aq) + OH^-(aq) \tag{4.4}$$

$$SiO_3^{2-}(aq) + H_2O(l) \longrightarrow HCO_3^-(aq) + OH^-(aq) \tag{4.5}$$

$$Ca^{2+}(aq) + Na_2 - \text{zeolite}(s) \longrightarrow 2Na^+(aq) + Ca - \text{zeolite}(s) \tag{4.6}$$

4.4.8 총질소량과 총인량

물속의 오염물질로서 질소성분은 유기질소, 암모니아성 질소(NH_3), 아질산성 질소(NO_2), 질산성 질소(NO_3)의 형태가 있고, 나열한 순서대로 수중분해과정을 거친다. 암모니아성 질소는 단백질이나 아미노산과 같은 유기질소화합물의 분해로부터 생성된다. 생활하수와 축산폐수의 방류가 주된 원인이고, 분해과정에서 산소를 소모함으로써 용존산소량을 감소시킨다. 또한 암모니아성 질소는 질산화박테리아인 Nitrobactor와 Nitrosomonas에 의해 물속에서 산화되어 아질산성 질소를 거쳐 질산성 질소로 변한다. 질산화박테리아의 활동은 온도에 민감하므로 수온이 높은 여름철은 겨울철에 비해 수중 암모니아성 질소의 잔류농도를 낮추고, 질산성 질소의 수중농도를 증가시킨다. 따

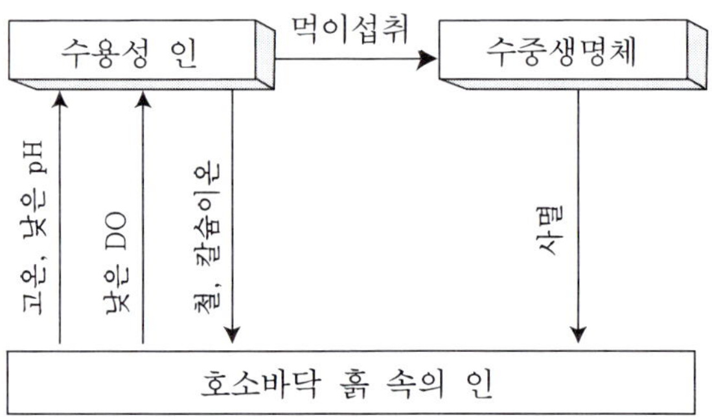

[그림 4.4] 호소에서 인의 순환

라서 수중 질소성분 중 검출이 용이한 암모니아성 질소는 여름철 정수장에서 0.5 mg/L를 넘지 않으나, 겨울철에는 5 mg/L를 넘기도 한다. 그러므로 물속에서 질산성 질소를 발견하면 오염시간이 오래 경과되었음을 추측한다. 물 중 모든 형태의 질소성분량을 총질소량(total nitrogen, T-N)이라 한다.

국내 호소의 경우 1급수의 T-N 기준은 0.2 이하, 2급수는 0.4 이하, 3급수는 0.6 이하, 4급수는 1.0 이하, 5급수는 1.5 이하이다.

물속의 인성분은 대부분 인산형태로 존재하고, 질소성분과 함께 부영양화를 유발하는 영양염류로 작용한다. 물속의 인산염은 광합성 조류(algae)의 성장과정에 소비되지만 수중생물체 내에 축적된 인성분은 생물체의 죽음과 분해과정을 통해 다시 수용성 인산형태로 물속으로 돌아온다. 따라서 질산염과 함께 인산염의 수중농도를 낮추면 조류의 성장을 억제할 수 있다. 조류들이 인과 질소성분이 들어 있는 자체세포를 형성할 때에 인원자 1개당 16개 정도의 질소원자가 필요하므로 어느 한쪽이라도 양이 작으면 제한요소(limiting element)로 되어 조류의 증식을 제한할 수 있다. 내륙 호수나 하천의 경우 인에

〈표 4.5〉 몇 가지 해역수질 평가기준

항 목 \ 등 급	Ⅰ	Ⅱ	Ⅲ
pH	7.8~8.3	6.5~8.5	6.5~8.5
SS(mg/L)	≤10	≤25	—
DO(%)	≥포화율 95	≥포화율 85	≥포화율 80
COD(mg/L)	≤1	≤2	≤4
대장균 군수(* MPN/100 mL)	≤200	≤200	—
T-N	≤0.05	≤0.05	≤0.2
T-P	≤0.007	≤0.007	≤0.03

비고 1. Ⅰ등급은 수산생물의 서식에 적합한 수질
2. Ⅱ등급은 해수욕, 해양관광 및 일부 수산생물의 서식에 적합한 수질
3. Ⅲ등급은 공업용수로 이용가능한 수질

* MPN : most probable number(of coliform bacteria)

〈표 4.6〉 세계보건기구(WHO) 식수 권고 기준

항 목	권고값	항 목	권고값
1. 미생물	0/100 mL	Ethylbenzene	300
2. 무기질	(mg/L)	Styrene	20
Antimony	0.005	Benzo[a]pyrene	0.7
Arsenic	0.01		
Barium	0.7	**염소화방향족벤젠**	
Boron	0.3	Monochlorobenzene	300
Cadmiun	0.003	1,2-Dichlorobenzene	1000
Chromiun	0.05	1,3-Dichlorobenzene	-
Copper	2	1,4-Dichlorobenzene	300
Cynide	0.07	Trichlorobenzene(total)	20
Fluoride	1.5		
Lead	0.01	**기타 유기물**	
Manganese	0.5	Di(2-ethyl hexyl)adipate	80
Mercury(total)	0.001	Di(2-ethyl hexy1)phthalate	8
Molybdenum	0.07	Acrylamide	0.5
Nickel	0.02	Epichlorohydrin	0.4
Nitrate(NO_3^-)	50	Hexachlorobutadiene	0.6
Nitrite(NO_2^-)	3	Edetic acid(EDTA)	200
Selenium	0.01	Nitrilotriacetic acid	200
Uranium	-	Dialklyl tin	-
		Tributyltin oxide	2
3. 유기물질	(μg/L)		
염소화 alkane류		4. 농약(pesticide)	(μg/L)
Carbon tetrachloride	2	Alachlor	20
Dichloromethane	20	Aldicarb	10
1,2-Dichloroethane	30	Aldrin/dieldrin	0.03
1,1,1-Trichloroethane	2000	Atrazine	2
		Bentazone	30
염소화 ethene류		Carbofuran	5
Vinylchloride	5	Chlorodane	0.2
1,1-Dichloroethene	30	Chlorotoluron	30
1,2-dichloroethene	50	DDT	2
Trichloroethene	70	1,2-Dibromo-3-chloropropane	1
Tetrachlorothene	40	2,4-D	30
		1,2-Dichloropropane	20
방향족탄화수소		1,3-Dichloropropane	(20)
Benzene	10	1,3-Dichloropropane	20
Toluene	700	Ethylene dibromide	(30)
Xylene	500	Heptachlor and	0.03

항 목	권고값	항 목	권고값
Hoptachlorbenzene		Chlorine dioxde	(0.4)
Hexachlorobenzene	1		
Isoproturon	9	**부생성물(by-product)**	(μg/L)
Lindane	2	Bromate	25
MCPA	2	Chlorite	200
		Chlorophenol	
Methoxychlor	20	2.4.6-Trichlorophenol	200
		Formaldehyde	900
Metolachlor	10		
Molinate	6	Trihalomethane	
Pendimethaline	20	-Bromoform	100
Pentachlorophenol	9	-Dibromochloromethane	100
Permethrin	20	-Bromodichloromethane	60
Propanil	20	-Chloroform	200
Pyridate	100		
Simazine	2	Chlorinated acetic acid	
Trifluralin	20	-Dichloroacetic acid	50
		-Trichloroacetic acid	100
2.4-D와 MCPA 이외의		Chloral hydrate	10
Chlorophenoxy		(Trichloro acetaldehyde)	
2.4-DB	90		
Dichlorprop	100	Halogenated acetonitriles	90
Fenoprop	9	-Dichloro acetonitrile	100
Mecoprop	10	-Dibromo acetonitrile	1
2.4.5-T	9	-Trichloro acetonitonitrile	70
		Cyanogen chloride(as CN)	
5. 소독제 및 그의 부생성물	(μg/L)		
소독제		6. 방사능	(Bq/L)
Monochloramine	3	Gross alpha activity	0.1
Chlorine	5	Gross beta activity	1

비해 질소성분이 풍부하여 인이 제한요소로 되고 바다의 경우는 반대로 질소가 제한요소로 된다.

호소 내 수용성 인은 생물체들의 번식과 죽음을 통해 호소바닥의 인과 순환되고, 호소바닥의 인은 수용액상의 인이 침전되는 과정과 다시 수중으로 용해되는 과정을 반복한다. 호소바닥의 흙 속에 있는 인은 죽은 동·식물의 분해로부터 농도가 증가하며 수중 철이온이나 칼슘이온에 의해 인산염의 형태로 침전되기도 한다. 그러나 낮은 pH와 수온상승으로 인산염의 용해도가 다시 증가하여 수용성 인의 농도를 증가시키고, 용존산소량이 감소하면 제2철에 비해 큰 용해도를 갖는 제1철의 존재를 유리하게 유도하여 인산철화합물의 용해를 촉진시킨다.

물속의 수용성 인의 총량을 총인량(total phosphorus, T-P)이라 한다. 국내 호소의 오염기준은 mg/L의 단위로 0.01 이하를 1급수, 0.03 이하를 2급수, 0.05 이하를 3급수, 0.1 이하를 4급수, 0.15 이하를 5급수로 규정하고 있다.

이와 같은 수질평가 항목들은 해수의 질을 평가하는 기준이 되기도 하는데 해수 중 농도에 따라 해역을 3등급으로 구분한다.

4.4.9 기타 수질 평가기준

수질 오염물질과 요소는 매우 광범위하므로 이미 설명한 기준 외에 중금속류, 농약류, 방사능량 등 여러 가지의 평가가 필요하다. 이와 관련하여 먹는 물에 대한 세계보건기구의 평가 항목과 기준을 참고로 〈표 4.6〉에 수록하였다.

이 밖에도 최근 낙동강 수계에서 기준치 이상이 자주 검출되는 다이옥산(dioxane)은 폴리에스테르(polyester) 중합 등에 사용되는 무색의 산업용 용매로서 페놀(phenol)과 독성이 유사한 발암물질이며, 국내 하천 및 호소의 안전기준은 50 μg/L이다.

4.5 부영양화

부영양화(eutrophication)는 수중의 영양염류가 풍부해지는 현상을 의미한다. 1907년 독일 식물학자 Weber가 처음 사용한 후 스웨덴의 Newmann이 담수호의 수중영양상태를 인, 질소, 칼슘의 농도가 높은 단계, 중간 단계, 낮은 단계로 구분하면서 다시 사용하였다. 그 후 폭발적 인구증가와 산업화에 따른 결과로 호소에 유입되는 수중식물의 영양성분량이 급격히 증가하였다. 이로 인해 과거 수백 년 혹은 수천 년 동안에 진행된 것과 동일한 결과들이 최근에 불과 수십 년 만에 이루어지는 것을 보고 과학자들이 부영양화라는 용어를 널리 사용하게 되었다. 부영양화는 해양의 적조발생에도 원인을 제공하지만 일반적으로 내륙의 담수호나 하천의 영양상태를 나타낼 때 사용하고, 빈영양(oligotrophic)과 중영양(mesotrophic)의 상대적 개념을 가리킨다.

자연의 호소에 부영양화 현상이 진행되면 늪이나 습원의 과정을 거쳐 최종적으로 육지로 변한다. 이 경우에 자연적 부영양화는 오랜 기간이 필요하지만 생활하수, 농축산폐수, 산업폐수 등 인간활동에 의한 인위적 부영양화는 호소의 육지화를 빠르게 진행시킨다.

부영양화에 의한 호소의 소멸을 넓은 의미로 부영양화라고 한다. 이 현상이 내륙의 모든 호소에서 진행되는 것은 아니다. 대개 과량의 영양물질이 유입되고 수심이 깊지 않는 호소에서 잘 나타난다. 하천을 통해 호소에 유입되는 물에 비료성분이나 합성세제들이 과량 들어 있으면 호소 내 질소(N) 및 인(P) 성분의 수중농도는 증가한다. 이 두 성분의 증가는 식물성 플랑크톤인 Microcystis, Oscillatoria 등의 남조류와 Cyclotella 등의 규조류를 비정상적으로 증식시켜 조화현상(algal bloom)을 일으킨다. 수화현상(water bloom)이라고도 하는 조화현상은 물의 표면에 푸른 가루를 뿌려 놓은 것처럼 물의 색깔을 쪽색이나 녹색으로 바뀌게 만들고, 투명도를 감소시킬 뿐만 아니라 부유성 플

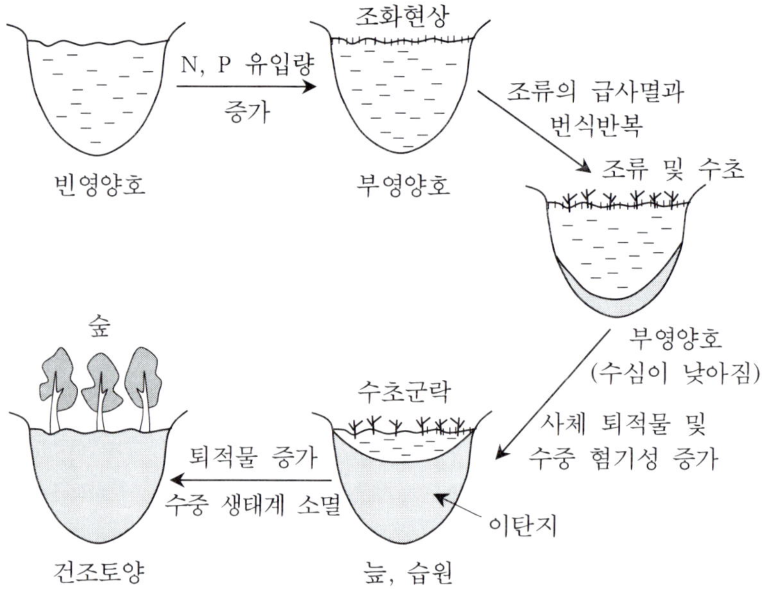

[그림 4.5] 부영양화에 의한 호소의 사멸

랑크톤에 의해 수면에 매트(scum)를 형성하기도 한다. 조류가 많아지면 먹이사슬에 따라 물고기도 많아지고, 수중 생태계에 유리할 것 같지만 사실은 그 반대이다. 조류의 수명이 매우 짧아서 왕성한 번식은 곧 다량의 사체 퇴적물을 발생시키기 때문이다. 조류의 사체가 퇴적되는 호소바닥은 미생물의 분해작용으로 인해 용존산소량이 급격하게 감소되어 일반적으로 다른 생물의 번식을 저해한다. 그러나 사체의 분해로 생긴 질소와 인이 다시 수중조류의 먹이가 되기도 한다. 바닥층의 혐기성 증가는 조류의 번식을 돕는 철 및 망가니즈 등의 미량성분의 용출을 용이하게 할 뿐만 아니라, 4.4.8항에서 설명한 것처럼 호소바닥으로부터 제1철인화합물을 용해하여 조류의 번식과 조화현상을 가속시킨다. 이러한 조류의 번식과 사멸의 반복은 호소바닥의 퇴적물을 증가시키고, 얕아진 수심은 수온을 상승시켜 저온성 어류의 생존을 불가능하게 만든다. 또한 얕아진 수심과 수온상승은 호소 내 밀도차에 의한 물의 수직적 혼합을 차단하여 바닥층으로부터 영양성분 공급을 방해할 뿐만 아니라, 퇴적물의 분해작용과 함께 용존산소량을 감소시켜 호기성 어류의 죽음을 초래한다.

결국 호소 수면에 군락을 이루어 서식하는 수초류도 조류의 사체와 그 밖의 퇴적물로 인해 형성된 이탄지(peat bog)의 점진적 상승으로 인해 완전히 사멸하게 된다. 호소의 부영양화는 조화현상을 통한 악취발생이나 독성 외에도 어류폐사와 수중 생태계 파괴, 상수원으로서의 처리비용증가, 상수원으로 이용시 높은 pH에 따른 THM 위험성 증가(4.7절 참고), 수영 및 레저자원으로서의 부적합 등 환경생태학적으로 많은 단기적인 문제점을 가지고 있다.

부영양화의 방지대책은 호소의 영양물질 유입 억제법과 호소 내 처리법이 있다. 영양물질 유입 억제법은 대부분의 국가에서 보편적으로 사용하는 방법이고, 하수의 고도처리를 통해 N 및 P를 제거하거나 하천의 방향을 변화시키는 방법이 주로 사용된다. 호소 내 처리법은 화학물질 투여법, 호소수교환법, 폭기조 설치 및 준설, 수초 및 조류 제거법, 생물학적 제어법 등이 있다. 화학물질 투여법은 화학물질을 이용하여 수중의 인산염을 침전시키거나 조류를 죽이는 방법이고 2차적인 독성오염이 문제점이다. 호소수교환법은 높은 영양염농도의 바닥층 호소수를 제거하고 낮은 오염도의 하천수를 유입하는 방법이다. 폭기조의 설치는 산소가 풍부한 공기를 호소바닥층에 불어 넣어 혐기성 조건을 완화하는 방법이다. 준설법은 수중에 비해 인함량이 10^4～10^6배 이상 되는 바닥 흙을 준설하는 방법이다. 준설과정에서 수중인의 농도가 일시적으로 증가하는 문제점이 있다. 수초 및 조류 제거법은 수초제거선박을 이용하여 수면의 수초를 제거하는 방법이다. 이 방법은 수중의 영양염류를 많이 흡수한 수초를 제거하여 오염부하를 줄이는 원리이다. 생물학적 제어법은 초어와 같은 대형 초식어류를 방류하여 수초를 제거하는 방법이 대표적이다.

부영양화를 판단하는 수질항목은 총인량(T-P), 총질소량(T-N), 엽록소-*a*의 양(chlorophyll-*a*), 투명도, 심수층 용존산소량 등이 있고, 기준값은 적용법에 따라 조금씩 다르다.

〈표 4.7〉 호소의 부영양화 판정기준

항 목	빈영양	중영양	부영양
T-P(mg/m^3)	<10	10~20	>20~25
클로로필 *a*(mg/m^3)	<4	4~10	>10
투명도(m)	>3.7	2.0~3.7	<2.0
바닥층 DO(포화도 %)	>80	10~80	<10

〈표 4.7〉은 미국 환경보호청(Environmental Protection Agency, EPA) 기준의 부영양화 판정기준이다.

국내 4대강 유역의 인공댐과 자연상태의 호소는 1980년 중반 이후 수질이 악화되는 추세이고, 대부분 중영양 내지 부영양의 상태를 지속하고 있다. 특히 강 하구에 건설된 하구언은 유속의 감소와 영양염류의 축적으로 부영양화의 가능성을 증가시킨다.

〈표 4.8〉 국내 주요 호소의 영양상태(OECD 기준)

호소명	T-P	T-N	클로로필 *a*	투명도
팔당호	부영양	부영양	중영양	부영양
청평호	중영양	부영양	중영양	부영양
춘천호	중영양	부영양	빈영양	부영양
소양호	중영양	부영양	중영양	중영양
충주호	중영양	부영양	중영양	중영양
대청호	중영양	부영양	중영양	-
안동호	부영양	-	중영양	-
주암호	부영양	-	부영양	-

4.6 생물농축

물이나 대기 중의 특정물질이 생물학적 먹이사슬을 통해 위쪽 단계로 올라갈수록 생물체에 농축되는 과정을 생물농축(bioamplification) 또는 생체농축이라고 한다. 물에 존재하는 중금속이나 독성물질의 농도가 인체에 직접 영향을 주지 않을 정도라 하더라도 식물성 플랑크톤과 동물성 플랑크톤, 소형어류, 육식어류, 새 또는 인간으로 이어지는 먹이연쇄를 따라 고농도로 농축되면 큰 피해를 나타낸다. 먹이사슬의 상부에 있는 생명체는 먹이를 통해 이미 농축된 상태를 섭취하고, 이를 전량 체외로 배설하지 못한 상태에서 계속되는 먹이섭취는 결국 하부의 생명체에 비해 한 단계 올라갈 때마다 수십 내지 수천 배로 농축된다. 특히 DDT나 다이옥신류는 소수성(hydrophobic)이어서 먹이사슬을 통해 동물체에 흡수되면 전혀 배출되지 않고 체내 지질층에 전량 남게 되어 개체의 생명활동이 지속될수록 더욱 농도가 커지게 된다. 이러한 생물농축현상은 먹이사슬의 최상부에 있는 인간에게 가

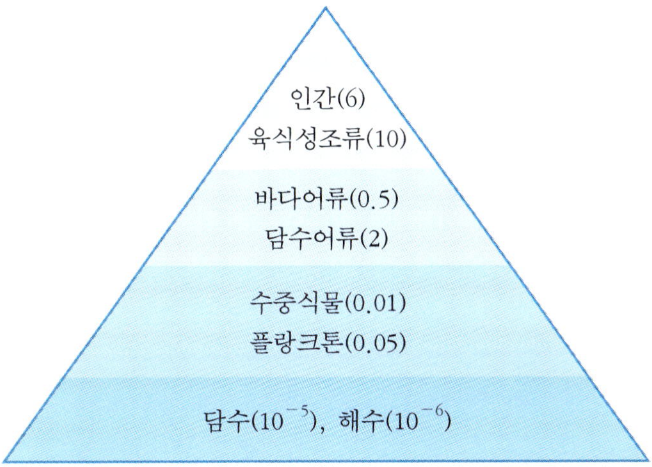

[그림 4.6] 생태계 먹이사슬의 DDT 생물농축

장 큰 피해를 주고, 체내 농축된 물질들은 태반과 모유를 통해 태아와 신생아에게 그대로 전달된다. 염화메틸수은에 의한 미나마타병(7.3절 참고)은 대표적인 생물농축에 의한 피해사례이고, 동물의 경우 DDT의 생물농축으로 인한 조류의 산란과 부화의 장애도 그 예이다.

어류에 비해 먹이사슬의 위쪽에 있는 조류가 DDT에 오염된 어류를 지속적으로 잡아먹으면 조류의 체내에 축적된 DDT 성분이 칼슘 대사작용을 방해하고, 산란시 알껍질의 강도를 약화시켜 산란과 부화를 어렵게 만든다. 가리비조개의 카드뮴 농축은 해수농도의 200만배 정도이고 호소 내 잉어와 메기의 수은 농축도는 각각 수중농도에 비해 25000배와 13000배 정도이다.

4.7 상수와 하수

4.7.1 상수

17세기부터 모래층을 통한 여과법이 상수의 제조에 사용되었으며 수인성 전염병의 예방에 많은 기여를 하였다. 그러나 인구증가와 생활수준의 향상으로 인해 상수수요량은 급격히 증가하였고, 음용수뿐 아니라 많은 양의 생활용수를 빠르게 제조할 기술이 필요하게 되었다. 현

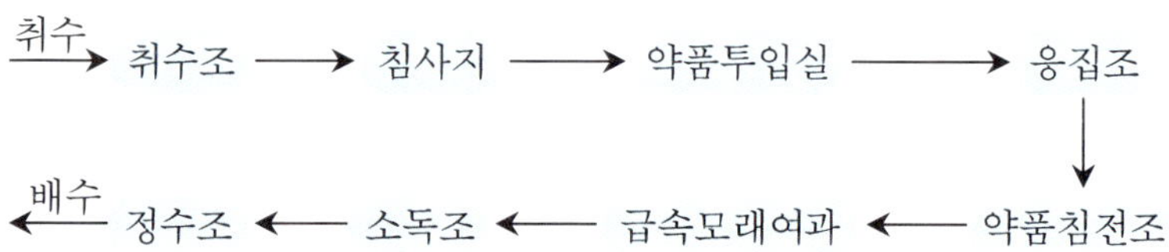

[그림 4.7] 상수 처리과정

재 사용되고 있는 상수(water supply) 처리과정을 [그림 4.7]에 나타내었다.

대부분의 상수원은 지표수이므로 취수 원수 속에는 점토입자와 다양한 부유물질이 있다. 취수장을 거쳐 유입된 원수의 부유물질 중 큰 입자는 자연침강을 통해 침사지에서 제거한다. 침사지로부터 분리한 상등액에도 작은 점토입자들이 부유하고 있다. 이들은 약품투입실에서 투여하는 황산알루미늄[$Al_2(SO_4)_3 \cdot 18H_2O$, 명반]이나 황산철[$Fe_2(SO_4)_3$] 등의 화학약품 응집제에 의해 응집조와 약품침전조를 거치면서 침전 제거된다. 응집제로 사용되는 물질들은 물속에서 분해되어 젤라틴성 수산화물을 생성하고 이것이 부유물질과 함께 침전된다. 또한 응집제들은 물속에서 콜로이드성 입자에 의해 아래와 같이 하전된 이량체(dimer)와 중합체(polymer)를 형성하여 응집을 촉진하고 금속이온은 바이러스 단백질과 반응하여 바이러스를 파괴하는 역할도 한다.

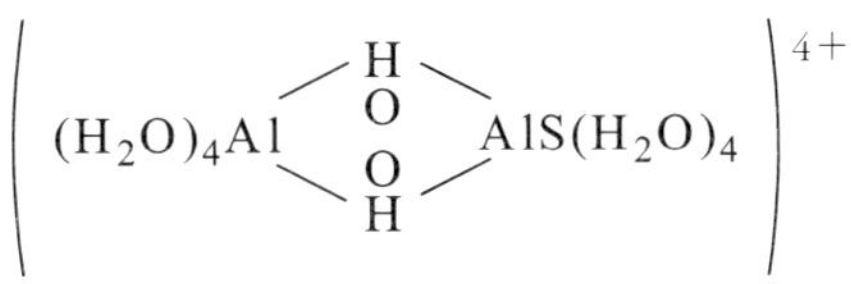

약품침전조를 거쳐 나온 상등액은 잔류 부유물질을 제거하기 위해 급속모래여과(rapid sandfilter)를 거친다. 모래층은 물리적인 여과뿐만 아니라 표면 미생물에 의한 생물여과막 작용이 있다. 소독조 내에서는 최종적으로 병원성 세균을 제거하는 과정이 진행되고 일반적으로 염소소독을 시행한다.

염소살균법은 1974년 Rook에 의해 발암물질인 트라이할로메테인(trihalomethane, THM)의 생성이 보고된 이후 이에 관한 농도측정이 지속되고 있다. 특히 상수 제조를 위해 취수한 원수가 병원성 세균에 오염될 가능성이 많거나 부영양화로 인해 pH가 높게 유지되면 흔히 정상투여량 이상의 염소를 투여하므로 THM 생성을 촉진한다.

〈표 4.9〉 먹는 물의 수질기준

구 분	항 목	기준값
심미적 영향물질	경도	≤300 mg/L
	$KMnO_4$ 소비량	≤10 mg/L
	소독성분 이외의 냄새와 맛	무취무미
	탁도	≤2도
	색도	≤5도
	세제(음이온계면활성제)	≤0.5 mg/L
	pH	5.8~8.5
	증발잔류물	≤500 mg/L
	구리(Cu)	≤1 mg/L
	아연(Zn)	≤1 mg/L
	철(Fe) 및 망가니즈(Mn)	≤각각 0.3 mg/L
	알루미늄(Al)	≤0.2 mg/L
	염소이온(Cl^-)	≤150 mg/L
	황산이온(SO_4^{2-})	≤200 mg/L
건강상 유해물질 (미생물)	일반세균	≤100*CFU/mL
	대장균군	검출되지 아니할 것
건강상 유해 물질 (무기물질)	납(Pb)	≤0.01 mg/L
	플루오린(F)	≤1.5 mg/L
	비소(As)	≤0.01 mg/L
	세레늄(Se)	≤0.01 mg/L
	수은(Hg)	≤0.001 mg/L
	시안(CN^-)	≤0.01 mg/L
	6가 크로뮴(Cr^{6+})	≤0.05 mg/L
	암모니아성 질소	≤0.5 mg/L
	카드뮴	≤0.005 mg/L
건강상 유해 물질 (유기물질)	페놀	≤0.005 mg/L
	총THM	≤0.1 mg/L
	다이아지논	≤0.02 mg/L
	파라티온	≤0.06 mg/L
	말라티온	≤0.25 mg/L
	페니트로티온	≤0.04 mg/L
	카바릴	≤0.07 mg/L
	1.1.1-트라이클로로에테인	≤0.1 mg/L
	테트라클로로에틸렌	≤0.01 mg/L
	트라이클로로에틸렌	≤0.03 mg/L
	다이클로로메테인	≤0.02 mg/L
	벤젠	≤0.01 mg/L
	톨루엔	≤0.7 mg/L
	에틸벤젠	≤0.3 mg/L
	자이렌	≤0.5 mg/L

* CFU ; Colony Forming Unit

주로 염소화합물인 THM은 정수과정 후에도 일부 남아 있던 유기물이 염소와 반응하여 생성된다. 클로로폼($CHCl_3$)이 대표적인 형태이고, 이 밖에도 $CHBr_3Cl$, $CHBr_3$ 등이 있다. 최근 충치예방을 목적으로 한 수돗물의 플루오린 투여는 THM류의 생성가능성으로 인해 논란이 있었다. 프랑스 등 몇 개의 선진국과 국내 여러 정수장은 염소살균법을 오존살균법으로 대체하여 운용하고 있다. 상수 제조과정에서 살균 시 염소 대신 오존처리를 하며 최종적으로 생물활성탄(biological activated carbon, BAC)을 사용하는 경우를 고도정수처리라 한다. 이것은 상수원의 수질이 심하게 악화되거나 수돗물의 수질을 향상시키기 위한 목적으로 사용한다. 고도정수처리에 사용되는 BAC는 물속의 유기물질을 더욱 효과적으로 제거하기 위해 일반 활성탄에 미생물을 부착시켜 활성탄의 유기물질 흡착과 미생물에 의한 유기물질분해가 동시에 진행되도록 만든 것이다. 물속에는 오염물질로서 750여종이 검출되고 있다. 한 사람이 평생 동안 섭취해도 해롭지 않을 최대 허용치를 먹는 물의 수질기준으로 정하여 국가별로 상수의 제조와 지하수의 음용수 평가에 적용하고 있다. 국내에는 식수에 관한 규정으로서 1995년에 개정한 먹는 물 관리법과 1994년에 개정된 수도법이 있다. 내부 세칙 조항에서 먹는 물의 수질기준을 〈표 4.9〉와 같이 정하고 있다.

4.7.2 하수처리

일반 도시하수(municipal wastewater)의 처리는 세 단계의 과정이 있다. 스크리닝(screeing), 침사(degritting), 침전(sedimentation) 등의 물리적 방법을 사용하는 1차 처리와 활성오니법(activated sludge treatment), 살수여상(trickle filter) 등의 생물학적 2차 처리법이 있다. 3차 처리는 하천과 호소의 부영양화를 방지하기 위한 고도처리를 가리키며 BOD 감소뿐만 아니라, 수중의 인산성분 및 질소성분의 제거가 주된 목적이다. 3차 처리법은 소석회를 이용한 인산염의 제거, 암모니아 스트립핑(ammonia stripping), 활성탄 흡착법 등이 있다.

하수처리장으로 유입되는 오수는 철망으로 구성된 체(screen)를 먼저 통과함으로써 큰 부피의 고형물들이 걸러진 후 침사지를 느린 유속으로 통과한다. 침사지에서 모래와 같이 큰 비중의 고형물이 침전되고, 가볍고 작은 입자의 고체 물질은 자연침강에 의해 침전지에서 대부분 제거된다. 오수 중 용해성 유기물질은 1차 처리과정에서도 전혀 제거되지 않고 높은 BOD를 나타내는 원인물질로 남는다. 2차 처리과정의 활성오니조에는 호기성 미생물이 집단으로 들어 있는 활성오니(activated sludge)가 있어서 공기를 불어 넣는(aeration) 폭기조의 도움으로 충분한 산소존재하에서 미생물의 증식과 유기물의 분해가 빠르게 진행된다. 미생물에 의한 유기물의 분해는 수시간 정도로 정화시간이 짧다. 정화조 속에서 머무는 동안 침전된 오니의 일부는 활성오니조로 반송되어 재사용한다. 나머지 침전된 대부분의 오니는 폐기한다. 폐기방법은 혐기성 숙성(anaerobic digestion), 토양에의 매립 및 살포, 건조 후 소각 또는 열분해(pyrolysis) 등의 방법이 있으나 각각 많은 문제점들이 있다. 그중에서도 현재 가장 널리 이용하는 방법은 혐기성 숙성법으로, 유기물이 주성분인 오니를 혐기성 미생물을 이용하여 메테인과 이산화탄소로 분해하는 방법이다.

$$(CH_2O)_n \xrightarrow[\text{오니유기물}]{\text{혐기성 박테리아}} \frac{n}{2}CH_4(g) + \frac{n}{2}CO_2(g) \qquad (4.7)$$

이 방법은 $CO_2(g)$의 분리를 통해 연료용 기체인 CH_4를 얻을 수 있는 장점도 있으나, 독성물질이 포함되어 있을 경우 미생물의 사멸로 인한 운용상의 어려움과 함께 최종 찌꺼기의 매립도 쉽지가 않다. 그 밖에 매립이나 살포 역시 악취와 병원성 세균의 존재 가능성이라는 문제점을 가지고 있다. 소각과 열분해는 독성물질을 대기 중으로 방출할 위험성을 가지고 있다.

대부분의 도시에서는 하수의 처리를 2차 처리로 종결하고 염소

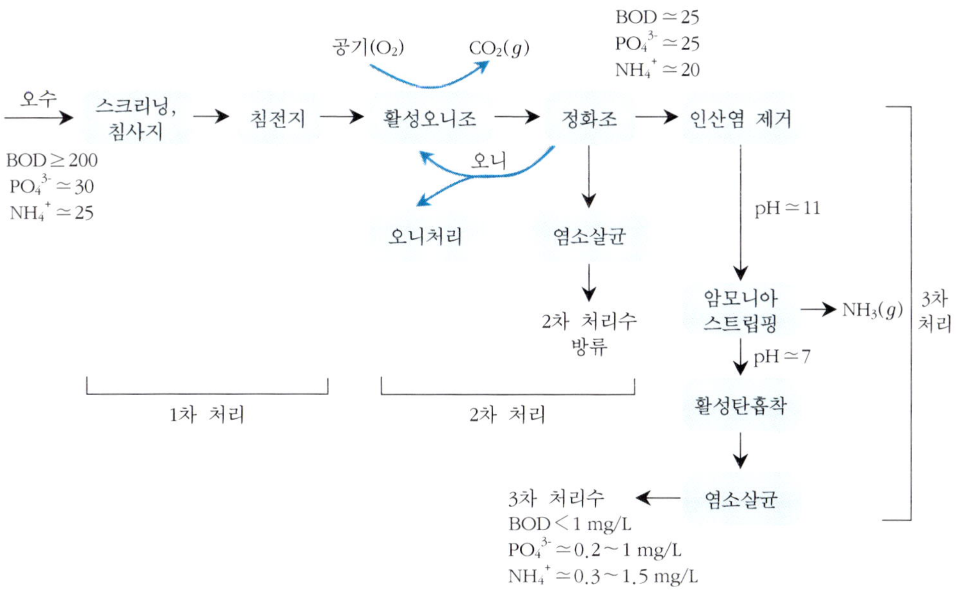

[그림 4.8] 도시하수의 처리과정

살균을 통해 하천으로 방류한다. 그 이유는 3차 처리비용이 매우 크다는 점이다. 예를 들어 3차 처리과정의 인산염 제거와 암모니아스트립핑 비용은 1, 2차 처리의 전체 비용보다 많다.

그러나 처리수의 방류가 인근 호소의 부영양화를 유발할 경우 3차 처리과정이 필수적이다. 2차 처리수는 처음에 비해 상당히 감소하지만 25 mg/L 정도의 BOD를 유지하고 영양물질인 인산이온(PO_4^{3-})과 암모니아성 질소성분인 암모늄이온(NH_4^+)의 농도도 각각 25 mg/L와 20 mg/L 정도를 나타낸다. 일정수준의 BOD는 수중 DO를 감소시키고 인산염과 질소성분은 조화현상과 부영양화를 발생시키는 직접적인 원인물질이다.

3차 처리시 인산염의 제거는 수산화칼슘이나 황산알루미늄을 이용하여 물속의 인산이온을 침전하는 방법을 사용한다.

$$Ca(OH)_2(aq) + PO_4^{3-}(aq) \longrightarrow Ca_5(PO_4)_3(OH)\downarrow \qquad (4.8)$$

암모니아 스트립핑은 암모늄이온 형태의 질소성분을 암모니아 기체상태로 제거하는 화학적 처리법이다. 인산염 제거과정을 통해 물속에 잔류하는 수산이온(OH^-)의 농도를 pH 11 정도까지 높여주면 암모늄이온이 암모니아기체로 바뀌어 수용액 밖으로 배출된다.

$$NH_4^+(aq) + OH^-(aq) \longrightarrow NH_3(g)\uparrow + H_2O(l) \tag{4.9}$$

하수처리시 물속 질소성분의 제거는 암모니아 스트립핑법 외에도 미생물을 이용한 질소기체상태로 배출하는 생물학적 방법도 있다. 질산화균은 산소존재하에서 물속의 암모늄이온을 아질산이온(NO_2^-)이나 질산이온(NO_3^-)으로 산화시키고 탈질균은 신진대사과정을 통해 질산이온이나 아질산이온을 질소기체로 변화시킨다. 이 같은 질소기체 발생법은 암모니아 스트립핑법에 비해 비용이 절반 정도밖에 들지 않는다. 또한 저온에서 반응 효율이 떨어지는 암모니아 스트립핑법의 단점을 극복할 수도 있으나 미생물의 증식을 활발하게 유지시켜야 하는 어려움이 있다. 암모니아 스트립핑 후 pH를 낮추어 중성상태를 유지하고 잔류유기물과 냄새 등을 활성탄 흡착으로 제거하면 염소살균을 거쳐 방류하게 된다. 3차 처리는 고도하수처리(advanced wastewater treatment)라고도 하는데, 전기투석법(electrodialysis)이나 역삼투법(reverse osmosis, RO) 등이 이용되기도 한다.

CHAPTER 5

토양

5.1 토양의 생성과 조성

지구는 중심부로부터 핵(core), 맨틀(mantle), 지각(crust)의 세 부분으로 구분한다. 지각에서의 인간활동은 암석의 풍화(weathering)로 형성된 토양 위에서 이루어진다. 토양은 침식된 암석과 광물질로 되어 있을 뿐만 아니라 다양한 유기질과 공기, 물, 각종 생명체들을 포함한다. 오래된 토양은 3개 이상의 층을 갖는다. 그것들은 썩은 나뭇잎, 먼지, 동물분비물, 유기물 등으로 구성된 표면공극층(surface litter layer)이 맨 위이고, 그 아래는 분해된 유기질의 부식질(humus)과 무기광물질로 구성된 상부토양층(top soil layer), 더 아래쪽은 암석의 풍화로 형성된 무기광물질의 심부토양층(deep soil layer)이다. 물의 동결로 인한 암석의 기계적 풍화와 물과 기체성분들에 의한 용출, 산화, 분해 등의 화학적 풍화는 모암의 분쇄와 콜로이드성 점토입자를 생성하여 식물과 다른 생물들의 필요한 영양성분들을 재순환시킨다. 토양층 중 상부 2개의 표층은 식물의 영양성분을 제공하는 부식질을 함유하고, 토양이 비옥할수록 함유율도 크다. 또한 부식질은 큰 다공성을 가지므로 물과 공기를 보관하기 용이하다. 따라서 이 두 층은 식물의 뿌리가 집중되어 있고 저수능력을 통해 홍수피해를 완화하는 역할도 한다.

토양을 구성하는 입자는 크기에 따라 구분한다. 직경 2 mm 이상은 자갈(gravel), 0.02～2 mm 경우는 모래(sand), 0.002～0.02 mm 경우는 미사(silt), 0.002 mm 이하의 경우는 점토(clay)라고 한다. 이 중 모래는 통기성과 배수성이 좋은 반면 점토질 토양은 물과 영양성분의 흡착과 이온교환성이 높아 식물성장에 필요한 요소들을 잘 보존한다. 식물이 뿌리로부터 흡수하는 물은 체내 물관의 모세관작용으로 10 m 이상의 나무꼭대기까지 전달된다. 또한 토양의 유기물질들은 식물뿌리의 세포막을 통해 식물 체내로 이동하며 배위화합물의 형태로 흡수된다. 토양의 무기이온들은 식물이 토양으로 배출하는 산(H^+)과 교환되어 체내로 들어가고, 양이온의 동형치환(isomorphous substitution) 형태로 이동한다. 식물성장에 가장 적합한 토양은 점토, 모래, 미사, 부식질이 균일하게 섞여 있는 양토(loam)이고 그것은 상부토양층에서 볼 수 있다.

토양에는 들쥐와 같이 몸집이 상대적으로 큰 동물부터 지렁이, 작은 벌레, 박테리아까지 다양한 생물들이 서식한다. 토양 중 대부분의 동물과 곤충들은 배설물을 통해 땅을 비옥하게 만들고 자유로운 활동을 통해 토양의 통기성을 향상한다. 또한 토양 1 g에 수십억 마리씩 들어 있는 토양미생물은 그 종류에 따라 유기물의 분해, 질소의 고정, 항생물질의 생산 등 다양하게 작용한다.

5.2 토양침식과 사막화

바람과 물의 흐름에 의해 표토가 유실되는 토양침식(soil erosion)은 토양의 비옥도를 낮출 뿐만 아니라, 내륙 하천과 호소의 수심감소와 대기 황사현상 등을 수반한다. 토양은 자연에서 암석의 풍화로 생성되고 침식을 통해 소실되는 과정을 지속하고 있다. 토양생성에 비해 침식속도가 빠르면 토양의 총량은 감소한다. 식물의 뿌리는 토양의 침식속도를 느리게 유지하므로 일반적으로 농경지보다 삼림의 침식속도가 느리다. 그러나 벌목과 개발, 과밀경작, 무분별한 방목 등은 침식을 촉진한다. 현재 전 세계의 총토지면적은 매년 감소하고 있으며, 그 이유는 토양의 생성속도보다 침식에 따른 유실이 더 크기 때문이다. 유엔의 최근 보고에 의하면 20세기 중반 이후 $1.2 \times 10^7\ km^2$ 이상의 지역에서 토양이 심각하게 침식되었으며, 그중 89,000 km^2 면적의 토지는 경작이 불가능하다.

토양침식은 대부분이 물에 의한 유실이므로 토양보존법도 이와 관련된 방법을 이용한다. 대표적인 방법은 계단식경작(terracing farming), 농지보존경작(conservation tillage farming), 폴리아크릴아마이드법(polyacrylamide method) 등이고, 방풍림의 설치도 바람에 의한 침식을 줄일 수 있다. 계단식경작은 우리나라의 비탈진 농경지에서 흔히 보는 형태이고, 같은 고도를 따라 경작지를 구획하므로 물과 토사의 유실을 방지한다. 농지보존경작은 유수와 바람에 의해 표토가 유실되지 않게 기경시 특수경운기를 이용하여 최상부 표토는 부수지 않고, 아래층만 부드럽게 하는 최소경운경작과 표토를 전혀 갈지 않고 구멍을 내어 파종과 시비하는 무경운경작이 있다. 미국의 경우 전체 농경지의 30 % 이상이 농지보존경작을 시행한다. 폴리아크릴아마이드법은 고분자 응집제인 폴리아크릴아마이드를 관수할 때 10 ppm 정도로 투여하고, 양하전의 콜로이드성 점토입자를 응집시켜 토양의 점착력을 높여주는 방법이다.

사막화라는 말에는 두 가지 의미가 있다. 좁은 의미로서 기후가 건조해지고 연평균 강수량이 250 mm 이하의 사막기후로 변하는 사막화(desertization)와 연평균 강수량은 사막보다 많지만 토양상태와 경관이 사막처럼 변하고, 농업생산량이 급격히 감소하는 넓은 의미의 사막화가 있다.

사막화는 대개 연평균 강수량이 600 mm 이하의 건조 또는 반건조 지역에서 발생하는데 토양침식과 함께 경작지 감소의 주된 원인이다. 또 토양비옥도가 낮아지고 토지생산력이 감소하는 토양황폐화 현상이다. 사막화의 기준은 글자 그대로의 토양 중 모래함량이 아니라 토지생산력이다. 50 % 이상 감소하면 사막화가 매우 심하다. 전 세계적으로 매년 20만 km^2 정도의 토지가 심한 사막화로 인해 경작지와 목초지로서의 가치를 상실하고 있다. 사막화 진행지역은 주로 건조대 및 반건조대 기후지역의 목초지들이고, 아프리카의 사하라사막 주변지역, 서부 및 중앙아시아, 미주동부 일부지역, 오스트레일리아 남부

지역 등 지구 육지 전반에 분포되어 있다. 사막화의 원인은 지구온난화와 이상기후 등의 자연적인 현상과 벌목, 과밀방목(overgrazing), 과밀경작(overcultivation), 삼림의 남벌(deforestation) 등의 인위적인 요인이 있다. 사막화는 인위적인 요인이 자연환경적 요인보다 사막화에 더 지배적으로 작용하며 80 % 이상으로 추정한다. 삼림의 남벌은 토양의 보수력 저하와 침식을 촉진하고 대기 중 이산화탄소량을 증가시켜 온실효과를 가중시킨다. 또한 과밀방목은 일정면적의 목초지에 적정 개체수 이상의 가축을 과다하게 방목하여 목초의 성장과 소비의 균형을 깰 뿐만 아니라, 토양을 견고하게 다지므로 사막화를 진행하게 만든다. 이 외에도 관개용수를 이용한 경작지의 확산은 토양 내 염분농도를 증가시켜 장기적으로 염류화(salinization)로 인한 식물의 성장장애와 토양황폐화를 유발한다. 토양의 염분함유량이 증가하는 염류화 현상은 자연 강우에 비해 상대적으로 큰 염분농도를 가진 관개용수의 지속적 공급과 안정된 용수공급이 원인이다. 충분하게 공급된 물은 토양 내 지하수면의 상승을 유발하고, 수분증발과 지하수유입의 반복을 통해 토양 내 염분의 농도를 증가시킨다. 사막화를 방지하는 방법은 남벌과 과밀방목을 피하고 진행지역의 대규모 조성사업과 광물채굴시 손상표토복구, 윤작 등이 있다.

5.3 토양오염

토양오염의 주된 원인은 광산으로부터 중금속오염, 잔류농약, 고체폐기물의 매립이고, 그 밖에도 폐수에 의한 오염과 방사성물질에 의한 오염 등이 있다.

5.3.1 중금속오염

토양오염물질로서 대표적인 중금속은 카드뮴(Cd), 구리(Cu), 비소(As), 수은(Hg), 납(Pb), 아연(Zn), 크로뮴(Cr)이다. 오염 경로는 광산으로부터 지표수에 의한 농경지 오염, 산업체 발생 입자물질 및 폐수로 인한 인근지역 오염, 생활쓰레기 매립과 침출수로 인한 농경지 오염 등이 있다. 또한 광산으로부터 오염은 가동 유무와 상관없이 다량의 중금속을 농토에 오염시키므로 식품을 통한 인체유입에 직접 영향을 끼친다.

(1) 카드뮴

카드뮴은 아연광석의 정련과정에서 발생하고 일반 토양 속에도 0.2 ppm 정도 들어 있다. 아연과 달리 인체 내에서 아무런 생물학적 유용한 기능이 없다. 주된 발생원은 아연광산, 전기도금폐수, 도자기 제조, 전지 등이고, 인산비료 속에도 아연과 함께 들어 있다. 토양 내 카드뮴은 과인산 비료와 함께 식물 체내로 흡수되어 농산물의 오염을 유발한다. 인체 내에 축적된 카드뮴은 위염과 근육통을 수반하고 만성적으로 뼈를 약화시켜 전신통증과 함께 골절을 유발한다. 이타이이타이병(7.3절 참고)도 카드뮴 중독증이고 용접 등의 작업장 내에서 카드뮴 중독은 대개 호흡기로 흡입되는 경우이다.

(2) 구리

구리는 일반 토양 내 5 ppm 정도 들어 있고 동·식물의 생육에 필요한 원소이지만 토양 내 농도 증가는 식물성장뿐만 아니라 인체에도 해롭다. 주된 발생원은 광산유출수이고, 전형적 농업용수에 의한 토양오염경로를 나타낸다. 중독시 인체는 간과 신장의 장해, 용혈성 빈혈, 중추신경장해를 일으키고 만성적으로는 코점막 위축증을 나타낸다.

(3) 비소

비소의 자연상태 농도는 1～5 ppm이고, 광석의 채굴과 정련과정 외 가죽 무두질(tanning), 도자기제조, 염색 등의 인위적 활동을 통해 발생한다. 토양에 축적된 비소는 식물의 성장을 방해하고 사람은 복통과 설사, 신장장해, 혈뇨 등의 증상을 나타내며, 만성적으로 피부를 검게 변화시키고 각질화한다.

(4) 수은

수은은 자연상태의 토양에 0.1 ppm 정도 들어 있고, 광석의 제련시 기체상태로 배출된다. 수은은 상온에서 액체로 존재하는 유일한 금속이고 휘발성도 크다. 따라서 암석의 풍화와 석탄의 연소를 통해서도 대기 중으로 방출되고 수은전지의 폐기로 인한 토양오염도 있다. 특히 다른 금속과 달리 알킬수은 형태로 물에 쉽게 용해하므로 생물농축과 토양오염이 용이하다. 금속수은에 의한 인체의 중독 증상은 간과 신장의 기능을 방해하고 유기수은의 경우 뇌와 신경계통의 장해를 일으켜 태아까지 영향을 준다. 일본의 미나마타병(7.3절 참고)도 알킬수은에 의한 중독증이다.

(5) 납

납은 지각에 13 ppm 정도 들어 있다. 주된 발생원은 납광석의 제련과 석탄연소이고, 자동차용 납축전지의 폐기와 휘발유 첨가제로 사용하던 테트라에틸납(3.8절 참고)에 의한 대기 중 납성분이 토양오염의 원인이다. 물에 대한 납의 용해도는 pH가 낮을수록 증가한다. 따라서 산성토양의 경우 상대적으로 높은 납함유량을 가진다. 안료로 사용하는 납화합물들은 실내 먼지와 페인트 조각을 통해 어린아이들의 납중독을 일으키는 주된 원인으로 작용한다. 인체의 중독 증상은 위장장해, 뇌손상, 혈액합성장해 등이고, 치아의 착색을 수반하기도 한다.

(6) 아연

아연은 지각에 70 ppm 정도 들어 있고, 동·식물의 생육에 필수적 원소이나. 주된 발생원은 자연풍화와 광석의 제련이고, 인산비료 중의 아연도 토양농도를 증가시키는 원인이다. 인간활동에 의한 발생원은 합금제조, 페인트 및 염료제조 등이다. 과량 유입시 인체의 증상은 신장장해, 출혈성 췌장염, 당뇨병 유발 등이다.

(7) 크로뮴

크로뮴은 자연상태의 토양에 20～200 ppm 정도 들어 있다. 생태계의 주된 오염원은 광석정련과정, 화학공장, 도금공장, 페인트 제조 등이다. 토양의 크로뮴은 식물에 독성을 나타내고, 6가 크로뮴은 인체에도 독성을 나타낸다.

토양 중 대부분의 중금속은 식물을 통해 인체에 유입되고, 인체의 중금속 중독은 킬레이트제(chelating agent)로 치료한다. 킬레이트제는 인체 내의 중금속과 배위화합물을 형성하여 체외로 배출한다. BAL(british antilewisite), 에틸렌다이아민테트라아세트산(ethylenediaminetetraacetic acid, EDTA) 등이 대표적이다. 〈표 5.1〉에는 심각한 오염으로 대책이 필요한 토양 내 중금속 농도를 수록하였다.

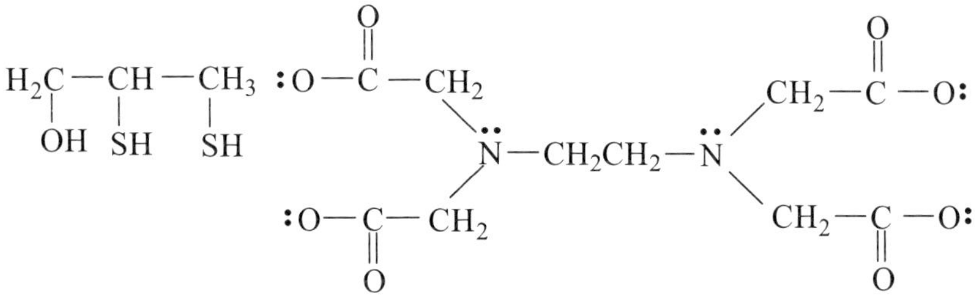

2,3-mercaptoprpanol (BAL)　　EDTA

〈표 5.1〉 국내 연도별 토양 내 중금속 농도(mg/kg)

	2015	2016	2017	2018	2019
납	25.96	21.77	24.72	21.26	24.60
수은	0.034	0.034	0.033	0.031	0.037
구리	18.65	20.85	21.43	22.20	23.25
카드뮴	0.277	0.155	0.190	0.148	0.156

출처 : 환경부(토양측정망 및 토양오염실태조사 결과)

5.3.2 농약오염

토양오염에 농약이 미치는 영향은 크다. 농약(pesticide)은 동·식물의 병해충 방제에 사용하는 약제이고, 살충제(insecticide), 살균제(fungicide), 제초제(herbicide), 기타 생장조절제, 살서제 등이 있다. 농약은 약효를 유지하는 일정한 기간이 있고, 그 시간이 길수록 잔류오염도는 높다. 토양의 농약오염은 잔류농약에 의한 것이고, 약효의 절반 감소에 필요한 시간을 반감기라고 한다. 국내의 농약소비량과 유통농약의 반감기는 각각 〈표 5.2〉와 〈표 5.3〉에 있다.

국내 농약 사용량은 살충제가 가장 많고, 살균제와 제초제가 큰 차이 없이 대규모로 소비되고 있다. 2015년의 경우 전체 농약 사용량에 대한 각각의 비율은 살충제가 32.2 %, 살균제가 30.4 %, 제초제가 28.3 %, 기타 농약이 9.2 %이다. 반감기의 경우 1.5시간부터 300일까

〈표 5.2〉 국내 농약 소비량(톤)

	2013	2014	2015
살충제	5,991	6,620	6,274
살균제	6,383	5,770	5,913
제초제	4,479	5,536	5,502
기타	1,855	1,862	1,793
총량	18,708	19,788	19,482

〈표 5.3〉 국내 유통 농약의 토양 중 반감기(일)

	품목수	범 위	전체 평균
살충제	154	1～300	27
살균제	132	<1*～202	35
살충・살균제	15	4～150	32
제초제	79	1～160	26
생장조절제	6	1～52	18
기타	2	19～79	47

* 1.5시간

지 다양하고 전체 농약의 평균은 30일 정도로 길다.

1939년 Paul Muller가 DDT(2,2-bis(p-chlorophenyl)-1,1,1-trichloroethane, dichlorodiphenyl trichlorethane)를 개발하기 이전에는 대부분의 살충제가 무기화합물이고 합성된 것이 아니라 천연물이었다. 그러나 이것들은 해충뿐만 아니라 인간에게도 독성이 있었다. DDT는 해충에게만 선택적으로 작용하여 해충구제와 전염병예방에 큰 효과를 나타냈으며 인간에게는 무해하였다. Muller는 이 공로로 1948년 노벨상을 수상했다.

그 후 DDT와 유사한 화학적 구조를 가진 화합물들이 살충제로 개발되었다. 대개의 경우 염소원자를 가지고 있으므로 유기염소계 살충제로 분류했다. 이들 살충제의 광역살포는 조류의 산란장해와 죽음을 유발했다. 그 원인은 독성의 지속성이었다. DDT류 살충제가 지닌 긴 반감기와 지용성은 지방축적과 생물농축을 가능케 했고 먹이사슬의 최상단에 있는 인간에게 막연한 불안감을 가져왔다. 또한 장기간의 사용은 곤충들의 내성을 증가시켜 어떤 곤충은 체내에서 DDT를 분해하여 자신에게 해롭지 않는 DDE로 전환하는 효소(DDTase)를 생산하였다. 이런 이유들로 인해 미국의 경우 1973년 DDT의 사용을 금지하였다.

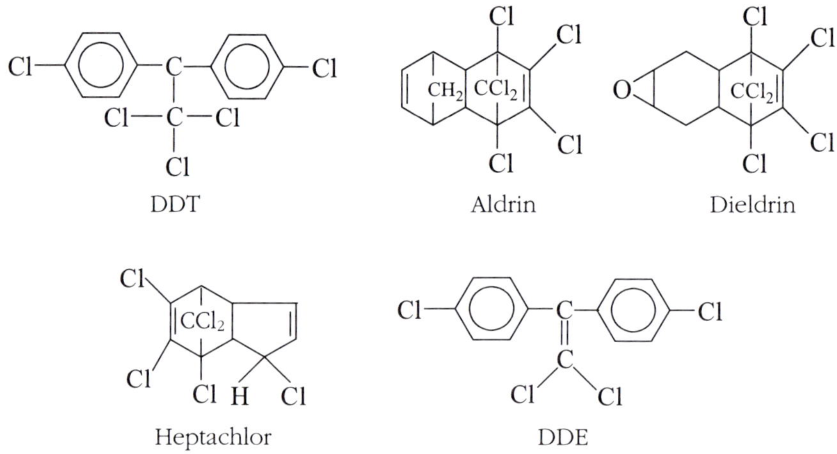

[그림 5.1] 유기염소계 살충제와 DDE

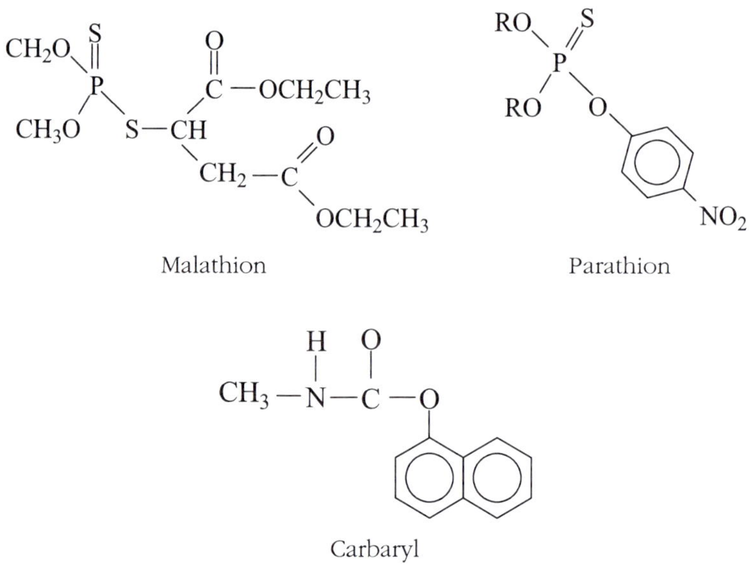

[그림 5.2] 유기인산계 살충제와 카바릴

〈표 5.4〉 토양 내 유기염소계 살충제의 잔류도

종 류	약 15년 후 잔류도(%)
toxaphene	45
aldrin	40
DDT	39
dieldrin	31
heptachlor	16
BHC	10

유기염소계 살충제들은 공통적으로 지용성이고, 3차원의 복잡한 구조처럼 자연환경에서 분해되기도 어렵다. 따라서 상대적으로 분해되기 쉬운 구조의 살충제를 개발하게 되었고, 그것이 말라티온(malathion)과 파라티온(parathion)의 유기인산계 살충제와 Carbaryl 등의 Carbamate류이다.

농약의 작용원리 중 살충제의 경우는 대개 아세틸콜린스테라제(acetylcholinesterase)의 효소작용을 방해하거나 신경독작용을 나타내어 동물들의 중추신경계를 교란한다. 제초제의 경우 광합성을 억제하거나 엽록소합성을 방해하고 호르몬 유사체로 작용하여 이상성장을 유도하는 등 작용형태가 다양하다. 이런 작용원리가 인간에게 전혀 영향이 없는지에 대한 논란이 많다. 특히 토양 내 잔류기간이 긴 유기염소계의 경우 생물농축을 통해 계속되는 인체 내 농도증가현상이 전혀 해롭지 않다고 누구든 장담할 수 없다.

DDT와 DDE의 체내축적은 조류들의 에스트로겐 호르몬의 기능저하를 유발하여 칼슘대사 장애를 일으킨다. 알껍질이 얇아지고 산란과 부화가 방해받고 갓 태어난 새끼들은 더 이상 자라지 못했다.

2,4D와 함께 대표적 제초제로 사용하는 2,4,5-T(2,4,5-trichlorophenoxy acetic acid)는 제조시 불순물로 다이옥신류(2,3,7,8-tetrachlorodibenxo-p-dioxin, TCDD)가 생성된다. 월남전에 고엽제로 대량 사용한 제초제(2,4D, 2,4,5T)는 에이전트 오렌지(agent orange)

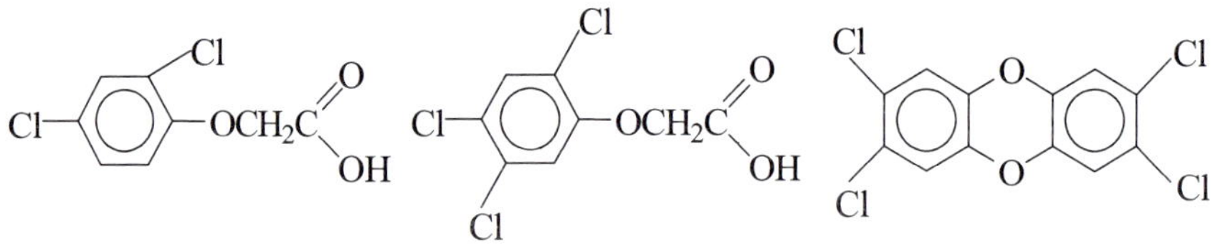

[그림 5.3] 대표적 제초제와 TCDD

라는 명칭으로 1960년대 초엽부터 10여년간 사용되었다. 이 중 2,4,5,T에는 불순물로서 다이옥신인 TCDD가 포함되어 있어서(30 mg/kg) 전쟁 참가자와 후손에게 피부질환, 각종 암, 신체마비, 호흡기질환, 정신질환, 기형아 출생, 손발부패 등 다양한 후유증이 나타나고 있다.

농약에 의한 피해는 급성과 만성으로 구분한다. 세계보건기구(WHO)와 유엔환경계획(UNEP)은 그 피해자가 매년 개발도상국에서 2500만명이 발생하고, 22만명 이상이 사망한다고 보고하였다. 만성적 독성은 유전적 돌연변이와 신경계통의 질병 가능성을 촉진한다.

농약의 독성은 개체군의 절반을 죽일 수 있는 치사량(lethal dose, LD_{50})으로 나타내고 수치가 작을수록 맹독성이다. 경구유입의 경우 LD_{50}(mg/kg)이 5 미만(고체)이거나 50 미만(액체)이면 맹독성이고, 50 이상(고체)이거나 200 이상(액체)이면 보통독성이며, 그 중간은 고독성으로 분류한다. 실험용 쥐의 LD_{50}(mg/kg) 경구투여값은 DDT 540, aldrin 55, dieldrin 53, heptachlor 90, parathion 4~30, 2,4D 660, 2,4,5T 300, dioxine 0.03, 유기수은제 100 등이다. 토양 잔류농약은 시간이 흐름에 따라 분해된다. 농약성분 중 가장 긴 반감기의 유기염소계는 토양에 수년 정도 잔류한다. 그러나 유기인산계 살충제와 카바메이트류, 그리고 제초제와 살균제들은 대개 수일에서 수주 정도 토양에 잔류한다. 특히 유기인산계와 카바메이트류 살충제들은 분해생성물이 인산염과 알코올, 그리고 이산화탄소와 아민류이므로 무해하다.

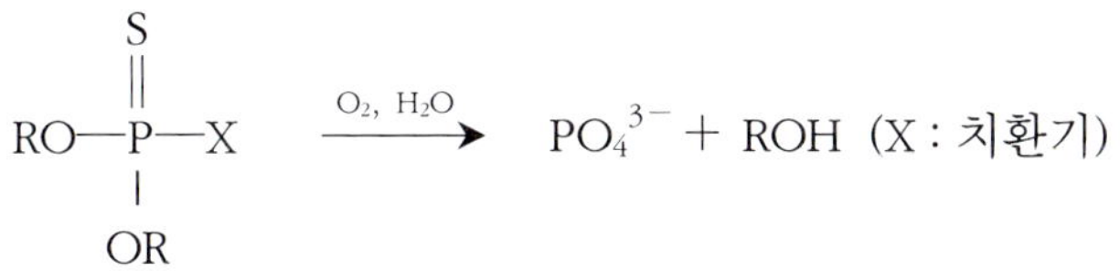

(5.1)

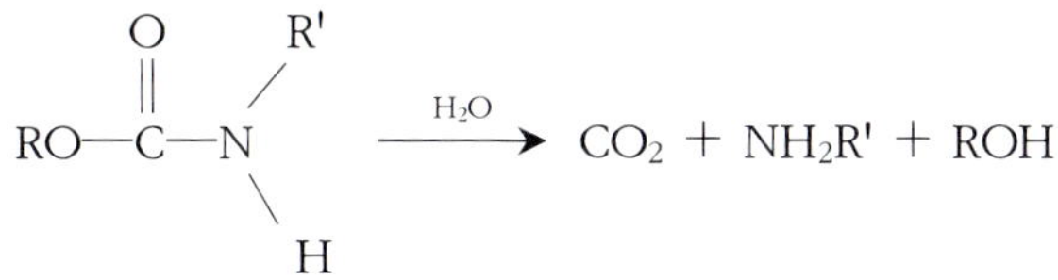

(5.2)

그러나 유기염소계에 비해 쉽게 분해되는 유기인산계 살충제들은 말라티온을 제외하고 유기염소계에 비해 5~10배 강한 독성이 있어 토양오염도가 낮다고 할 수 없다. 토양 내 잔류농약의 분해는 기온과 습도 그리고 일사량 등에 따라 큰 차이가 있고, 분해생성물이 원래의 것보다 독성이 약하다는 보장도 없다.

DDT의 분해생성물인 DDE는 조류의 칼슘대사 장애를 나타낸다. 또한 Aldrin이 분해하여 생긴 Dieldrin은 더욱 강한 독성이 있다. 분해과정의 경로와 생성물은 토양조건에 따라 변하고 인체에 미치는 장기적 영향도 평가하기 어렵다. 염소계 살충제를 제외한 대부분의 농약은 수용성이어서 토양투수에 의해 지하수오염의 가능성도 있다. 특히 메틸수은 등의 살균제는 종자소독시 널리 이용하고 생물농축에 의해 수은중독을 일으킨다. 전 세계적으로 농약에 의한 토양오염은 경작지로부터 유출된 잔류농약으로 인해 동물과 인간의 생존에 큰 위협이 되고 있다.

〈표 5.5〉 경작지 종류별 토양 속 살충제 잔류량(ppm)

살충제	논	밭	과수원	비닐하우스
γ-BHC	0.008	0.009	0.010	0.013
DDT	0.016	0.020	0.540	0.120
Aldrin	0.005	0.003	0.094	0.014
Deeldrin	0.010	0.010	0.250	0.036
Heptachlor	0.002	0.003	0.012	0.011

또한 모든 살충제는 곤충의 내성증가로 인해 그 효능이 점차 감소한다. 이를 극복하기 위한 대량 살포와 새로운 제품의 개발은 짧은 기간의 효과만 나타낼 뿐 몇 년 후에는 다시 곤충의 수가 많아지는 다람쥐 쳇바퀴식(pesticide treadmill) 악순환을 반복한다. 따라서 최근에는 유기합성 농약을 대신할 대체농약(alternative pesticide)에 대한 관심과 이용이 증가하고 있다.

대체농약은 환경친화적이면서 특정해충의 구제효과가 있는 물질들이며, 곤충의 변태작용을 억제하는 호르몬이나 성유인물질(pheromone), 그리고 미생물농약 등이 그 예이다. 변태억제 호르몬은 곤충의 변태를 방해하여 성충으로 자라지 못하게 하는 것이며, 성유인물질의 이용은 해충의 서식지로부터 암수 한쪽만 효과적으로 분리하여 전체 개체수를 조절하는 방법이다.

미생물 농약은 곰팡이나 균주를 이용하여 농작물의 잔류독성이 없이 해충만을 지속적으로 구제하는 방법이다. 현재 미국의 경우 유기합성 농약의 약 10% 정도가 이 방법으로 대체되었으며, 국내의 경우 1999년 농업진흥청을 중심으로 한 연구팀들이 실시한 배추좀나방의 방제가 좋은 예이다. 누에에 자생하는 곰팡이로부터 인체에 무해한 백강균을 분리하여 번식시킨 후 이를 물에 혼합하여 배추에 뿌려줌으로써 해충인 배추좀나방 애벌레를 90% 이상 박멸하였다.

유기살충제 사용에 따른 문제점들을 극복하기 위한 노력은 천적이용이나 유인작물(trap crop) 이용 등의 여러 형태로 시도되고 있다.

5.3.3 고체폐기물

고체폐기물(solid waste)의 매립(landfill)에 의한 토양오염은 점점 심각하다. 그것은 쓰레기 발생량이 중간처리과정의 용량을 초과하기 때문이고 다양한 상품의 제조과정과 소비는 쓰레기 중 유독성 폐기물과 난분해성 폐기물의 비율을 높인다.

고체폐기물은 발생장소에 따라 생활쓰레기와 사업장폐기물로 구

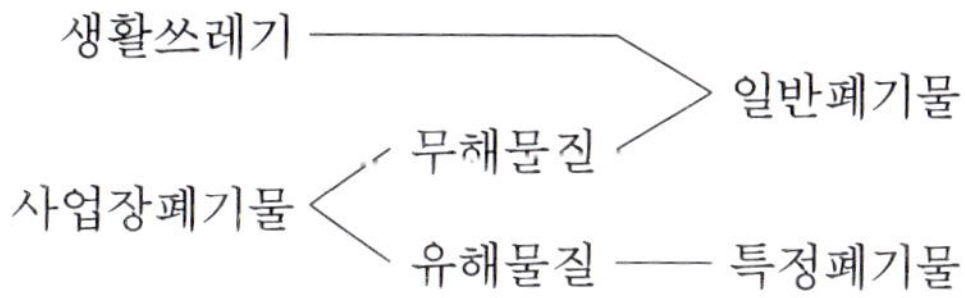

[그림 5.4] 고체폐기물의 분류

분하고 성분의 유해성 여부에 따라 일반폐기물과 특정폐기물로 분류한다.

국내의 경우 생활쓰레기는 1992년 계측방법을 변경하기 이전까지 매년 8% 정도 발생량이 증가했으나 그 이후 총량은 감소하고 있다. 그러나 오염도가 큰 사업장폐기물은 발생량이 매년 증가하고 있다. 그중에서도 유해물질인 특정폐기물의 발생량은 크게 증가하는 추세이다.

〈표 5.7〉에서와 같이 국내 생활폐기물 발생의 도시규모별 특성은 광역시가 가장 큰 1인당 발생량을 나타내고 있다. 특히 농어촌의 경우를 제외하면 2016년 현재 거의 모든 지역에서 음식물폐기물의 발생량이 가장 큰 비중을 차지한다.

특히 2018년 3월 우리나라 국내 환경부 통계자료에는 1인당 생활폐기물 발생량이 0.93 kg 정도로 낮아졌음을 볼 수 있다(〈표 5.8〉).

〈표 5.6〉 국내 폐기물 종류별 발생량(톤/일)

	2015	2016	2017	2018	2019
생활폐기물	49.92	51.25	53.49	56.04	57.96
사업장폐기물	155.31	162.13	164.87	167.72	202.62
건설폐기물	198.26	199.44	196.26	206.95	221.10
지정폐기물	13.40	13.78	14.91	15.39	15.56
기타	1.32	2.53	0.0	0.0	0.0
총계	418.21	429.13	429.53	446.10	497.24

출처 : 환경부(전국 폐기물 발생 및 처리현황)

〈표 5.7〉 도시규모별 생활폐기물 발생량(2016, g/인, 일)

도시규모	종량제봉투	음식물	재활용	총 량
특별시	218.3	389.9	302.6	910.8
광역시	318.9	534.9	325.0	1178.8
중소도시	254.3	349.1	300.1	903.5
농어촌	177.7	185.3	257.5	620.5
평균	255.4	367.9	306.5	929.9

〈환경부〉

〈표 5.8〉 국내 1인당 생활폐기물 발생량(2018.3 환경부)

배출 형태	발생량(g/인, 일)
종량제봉투	255.4(27 %)
음식물분리	368.0(40 %)
재활용자원	306.5(33 %)
총계	929.6(100 %)

국내 생활폐기물의 성분은 2018년 현재 음식물이 40 %로 가장 큰 비중을 차지하고 있으며, 재활용자원(33 %)과 종량제봉투폐기물(27 %)로 분류된다.

우리나라 국민 일인당 하루 생활쓰레기 발생량은 2015년 현재 0.97 kg 정도로서 OECD 주요 국가들 중 작은 편이다.

〈표 5.9〉 OECD 주요 국가의 생활쓰레기 발생량(2015, kg/인, 일)

국 가	발생량	국 가	발생량
폴란드	0.78	영국	1.34
한국	0.97	독일	1.72
스페인	1.19	네덜란드	1.43
프랑스	1.38	호주	1.53
뉴질랜드	1.92	OECD 평균	1.43

〈표 5.10〉 국내 생활쓰레기 성분별 발생량(톤/일)

	1989	1994	1998	2002
연탄재	30,401(39.0%)	5,534(9.5%)	918(2%)	535(1.5%)
음식물	19,790(25.4%)	18,055(31.1%)	11,798(26.5%)	11,397(32.3%)
종이류	9,565(12.2%)	12,468(21.5%)	5,620(12.6%)	5,641(20.0%)
나무류	2,819(3.6%)	2,443(4.2%)	1,848(4.1%)	2,400(6.8%)
금속·초자류	3,734(4.8%)	3,264(5.6%)	1,074(2.4%)	886(2.5%)
기타	11,712(15.0%)	16,354(28.1%)	23,325(52.3%)	14,443(40.9%)

우리나라 생활쓰레기의 가장 큰 비중은 음식물찌꺼기(31.1 %)이고, 그 다음이 종이류(21.5 %)이다. 1989년의 경우 생활쓰레기 중 약 40 %를 차지했던 연탄재의 비율이 1994년에는 10 % 이하로 감소하였다. 이런 점들은 생활수준의 향상에 의한 결과이다. 가연성 성분의 증가는 폐기물의 중간처리과정으로 소각법이 효과적임을 보여준다. 특히 5년 동안 전체에 대한 기타성분의 비율이 두 배 정도 증가하였다. 이것은 복합재질의 포장재와 플라스틱류의 급격한 소비증가 등이 원인이다.

국내에서 발생되는 사업장폐기물은 배출시설계폐기물, 지정폐기물, 의료폐기물, 건설폐기물 등으로 분류한다. 2016년의 경우 각각의 발생량 비율은 배출시설계(43.2 %), 지정폐기물(3.5 %), 의료폐기물(0.2 %), 건설폐기물(53.2 %)이다.

사업장으로부터 발생되는 일반폐기물은 금속정련과정에서 발생하는 광재와 연소찌꺼기 및 분진류 등의 불연성 물질이 50 % 이상이다.

유해물질인 사업장 특정폐기물은 액상 독성물질이 대부분이며, 심정투기(deep well disposal) 방법으로 처리할 경우 토양뿐만 아니라 심각한 상태의 지하수 오염을 초래한다.

〈표 5.11〉 사업장폐기물 발생량 및 처리량(2016, 천톤/년)

종 류	발생량	처리량				
		매 립	소 각	재활용	기 타	계
배출시설계폐기물	59,177	8,783	3,572	46,788	34	59,177
지정폐기물	4,813	1,062	644	2,816	259	4,781
의료폐기물	222	–	205	–	17	222
건설폐기물	72,797	1,116	269	71,411	–	72,796
합계	137,009	10,961	4,690	121,015	–	136,976

〈환경부〉

〈표 5.12〉 국내 대표적 일반폐기물 소각시설 현황(2016년)

소재지	처리용량(톤/일×기)	다이옥신 제거설비	여열 이용
대구 성서	200	ACI	소내발전
안양 평촌	200	SNCR+ACI	지역난방
부천 중동	200	ACI	지역난방
고양 일산	300	백 필터+SCR	지역난방
창원	200	SNCR+SDR+백 필터	발전 (1.1 MW)
부산 다대	200	ACI+SCR	발전
목동	200×2	·	발전, 지역난방
노원 상계	400×2	SCR	집단 에너지 열원
성남	300×2	·	발전 (4.5 MW)
일원동	300×3	·	집단 에너지 열원
대전	200	ACI	집단 에너지 열원
대구 성서	200×2	·	발전, 지역난방
광주 상무	200×2	·	발전 (1 MW)
부산 명지	200×2	촉매 1단	발전 (3 MW)
울산	200×2, 400×1	촉매 1단	발전 (1.5 MW)
수원 영통	300×2	·	지역난방
부천 대장	200×2	·	발전 (2.5 MW)
인천 경서	250×2	·	발전 (1.8 MW)
김해 장유	200×2	·	증기공급

고체폐기물의 처리는 일반적으로 중간처리, 최종처리, 재활용의 방법이 있다. 중간처리법은 폐기물의 부피를 감소시키기 위하여 절단(cutting), 파쇄(crushing), 탈수(dehydration)와 건조(drying)의 물리적 방법과 소각(incineration), 열분해(pyrolysis) 등의 화학적 방법, 그리고 퇴비화(composting)와 생물분해(biodegradation)의 생물학적 방법을 사용한다. 중간처리의 대표적 단계는 소각법이다. 소각법은 700~1000℃에서 공기를 불어 넣어 쓰레기를 태우고 발생하는 열을 스팀 생산이나 젖은 쓰레기의 건조에 이용한다. 생활쓰레기의 경우 가연성 물질이 대부분 연소되고 최초 부피의 1/4로 줄어든다. 1톤 연소시 발생되는 에너지는 10 GJ 정도이고 분진량은 200 g 정도이다.

소각시 문제점은 분진과 유독물질의 발생이다. 분진은 집진장치를 통해 제어할 수 있으나 폐플라스틱과 젖은 쓰레기로 인한 맹독성 다이옥신류(6.2.1항 참조)의 발생은 대도시 소각장 주변뿐만 아니라, 대기와 지하수의 이동을 통해 멀리 있는 농경지까지 오염시킨다. 인체 내 다이옥신의 97% 이상이 음식물에 의한 것이며 토양오염으로부터 출발된다. 제초제와 화학공장에 의한 영향도 있으나 토양 내 다이옥신류의 농도 증가는 쓰레기 소각이 주된 원인이다. 그러나 빠른 이동과 다른 배출원에 의해 소각로로부터 먼 지역의 토양 중 다이옥신의 농도가 높은 경우도 있다.

소각시 염소함유 폐플라스틱의 연소로 발생하는 다이옥신류는 종류와 반응경로가 다양하다. 다이옥신은 소각로의 연소온도가 낮을수록 많이 발생하고, 연소온도가 높고 시간이 길수록 분해율이 높다.

〈표 5.13〉 도시지역 토양 속 다이옥신류 농도(ng/g)

국 가	소각로 주변	일반토양
이탈리아	0.25	0.01
일본	5.3	0.04
덴마크	0.21	0.29
캐나다(swaru)	0.38	1.82

〈표 5.14〉 다이옥신류 배출허용농도와 허용섭취량

국 가	배출허용농도 (ng/m^3)	허용섭취량 (pg/kgbw/D)	기준물질
미국(신설로, 250톤/일 이상)	75	1	PCDD+PCDF
미국(기존로, 250톤/일 이상)	500	1	PCDD+PCDF
캐나다	0.5	10	TCDD
독일	0.1	1	TCDD
일본	0.5	100	TCDD
스웨덴	0.1	5	TCDD
덴마크	1	1	TCDD
세계보건기구(WHO)	–	10	TCDD

1000～1200℃에서 완전히 분해하지만 소각로의 연소온도를 이런 조건으로 유지하기 어렵다. 일반적으로 대기와 토양 중 다이옥신 농도는 도시지역이 농촌지역보다 10배 정도 높고 발생원이 되는 쓰레기 소각로들은 배출가스 중 다이옥신류 농도를 허용 기준값 이하로 제어해야 한다.

〈표 5.14〉에서 허용섭취량은 70년 동안 지속적으로 섭취한 사람 100만명 중 1명에게 암이 발생할 수 있는 양을 가리킨다.

고체폐기물 중간처리법으로 이용하는 열분해는 800～1000℃에서 산소 없이 열만으로 분해하여 쓰레기 중량을 최초의 1/3 정도로 감소시키고, 상업적으로 유용한 저분자량 탄화수소를 발생시키는 방법이다. 퇴비화와 생물분해는 생활쓰레기의 30% 이상을 차지하는 음식물쓰레기를 미생물발효를 통해 감량화하고, 화초의 퇴비로 사용하는 방법이다. 특히 생물분해는 일반적인 화학물질을 미생물을 이용하여 분해하는 방법이고, 분해가능한 고분자물질의 합성을 통해 폐기물량을 감소하는 노력이 최근 활발하다.

고체폐기물의 최종처리법은 매립과 해양투기(ocean dumping)이다. 특히 매립은 고체폐기물에 의한 토양오염의 대표적 형태이고 침출수로 인한 토양황폐화 외에도 지반침하와 지하수오염, 악취와 분해

〈표 5.15〉 국내 생활쓰레기 처리방법별 백분비(%) 변화

연 도	재활용	매 립	소 각
1998	34.9	56.3	8.8
1999	38.1	51.6	10.3
2000	41.3	47.0	11.7
2001	43.1	43.3	13.6
2002	44.0	41.5	14.5
2003	45.2	40.3	14.5
2004	49.2	36.4	14.4

〈표 5.16〉 국내 사업장 폐기물 처리방법별 백분비(%) 변화

연 도	재활용	매 립	소 각	기 타
1998	58.2	31.5	5.8	4.5
1999	69.2	18.5	6.1	6.2
2000	66.6	18.7	7.9	6.8
2001	64.4	19.3	8.2	8.1
2002	67.8	15.5	7.1	9.6
2003	67.5	14.4	7.8	10.3
2004	69.7	13.0	6.7	10.6

〈표 5.17〉 국내 건설폐기물 처리방법별 백분비(%) 변화

연 도	재활용	매 립	소 각
1998	83.0	14.9	2.1
1999	80.9	17.0	2.0
2000	84.7	12.7	2.6
2001	85.8	11.9	2.3
2002	83.4	14.5	2.1
2003	89.0	9.4	1.5
2004	90.7	7.3	2.0

가스발생, 병원균 매개체서식 등이 문제점이다. 매립방법은 매립지의 지형에 따라 지역법(area method), 경사법(ramp method), 도랑법(trench method), 계곡매립법(depression method)이 있다. 그중 2~3 m 깊이로 쓰레기를 쌓은 후 20~30 cm 두께로 복토하는 지역법이 가장 일반적이다. 매립형태는 수평으로 다져진 쓰레기층과 복토가 교대로 반복되는 샌드위치공법(sandwich system)이 대표적이다. 셀공법(cell system)은 특정폐기물 등의 유해물질을 매립일자별로 복토하여, 각각의 매립덩어리가 구별되어 있어 해충과 악취방지에 효과적이다. 그 밖의 매립형태로서 쓰레기를 압착하여 공모양으로 부피를 줄인 후 셀공법으로 매립하는 압축매립공법(balling system)이 있다. 또한 복토의 양과 형태에 따라 위생매립(sanitary land fill)과 안전매립(safety land fill)으로 구분하지만 어떤 형태이든 침출수에 의한 토양오염을 막을 수 없다. 1970년대 미국 러브 커넬 사건(7.3절 참고)도 매립된 유해폐기물에 의한 침출수 오염사고였다. 침출수는 매립쓰레기의 자연분해로 생긴 액체와 강우로 유입된 물이 매립장 밑으로 침수되거나 위로 넘치는 것이다. 침출수의 성분은 매립 폐기물의 종류에 따라 다르다. 사업장 특정폐기물의 경우 중금속과 독성물질로 인해 토양오염이 가중된다. 침출수의 처리는 매립지 내에서 자체적으로 처리하는 경우와 인접 하수처리장으로 이송하여 처리하는 두 가지 방법이 사용되고 하수처리와 유사한 공정을 거친다. 우리나라 수도권 매립지의 침출수는 대개 숙성조, 폭기조, 산화조를 차례로 거친 후 소독하여 방류한다. 방사성 폐기물은 지하 심층 암반에 보관하거나 대양에 투기한다. 방사성 폐기물의 해양투기는 2차 오염의 위험이 있어 스웨덴의 포스마크처럼 해저 동굴을 이용하는 것이 현재 최선의 방법이다. 1983년 스위스 바젤에서 채택된 바젤협약(7.2절 참고)은 유해폐기물의 국가간 불법이동을 방지하기 위한 시도이고, 선진국에 의한 개발도상국가의 환경오염을 방지하기 위한 목적이다. 현재 100개국 이상이 동참했고 우리나라도 1994년에 가입하였다.

재활용은 폐기물의 양을 줄이므로 토양오염을 완화하고 유용한 자원을 회수하는 장점이 있다. 재활용은 재사용(reuse), 재순환(recycle), 재생(reclamation)의 세 가지 형태가 있다. 재사용은 유리병을 세척 후 다시 사용하는 것이고, 파쇄유리를 녹여 유리병을 만들면 재순환이다. 그러나 폐기물의 조성을 변화시켜 필요한 성분만 이용하면 재생이다. 폐식용유를 알칼리처리하여 만든 비누와 주석깡통으로부터 철의 분리는 모두 재생에 속한다. 쓰레기 종량제와 젖은 쓰레기 안 버리기 등은 직·간접으로 토양오염을 줄일 수 있는 손쉬운 실천이다.

국내의 경우 쓰레기 처리법은 생활쓰레기, 사업장폐기물, 건설폐기물 등의 모든 대상에서 점차 재활용의 비중이 커지고 있고 매립의존도는 낮아지고 있다.

5.4 습지

습지(wet land)는 표면이 물로 덮인 지역을 말하며 크게 내륙습지와 연안습지가 있다. 갯벌을 포함하여 육상과 수중 생태계의 전이지대로서 지구상에서 가장 생산적이며 생명력이 왕성한 지역이다. 습지보존을 위한 국제협약인 람사협약(7.2절 참고)에는 '자연적인 것이든 인공적인 것이든, 영구적이든 임시적이든, 물의 흐름이 정체되어 있든 흐르고 있든, 담수이든 염수이든, 썰물시 6 m를 초과하지 않는 깊이의 해수지역을 포함하는 늪, 습원, 이탄지(peat bog) 또는 물로 된 지역'으로 정의한다. 실제로 습지는 지구 전체적으로 위도와 무관하게 넓게 분포되어 있어, 지표면의 약 6 %를 차지하고 있고 이탄지(30 %), 소택지(fen, 26 %), 늪(swamp, 20 %), 범람원(15 %), 산호초지역 등을 포함한다.

우리나라의 경우 서해안의 갯벌지역과 함께 내륙 호소와 늪지대 등 21개 지역이 세계자연기금에 습지로 등록되어 있다. 또한 경남 창녕군의 우포 늪지와 강원도 대암산 용늪은 대표적인 내륙습지로서 다양한 생물종이 서식하는 특수한 담수 생태계의 가치로 인해 1997년 생태계 보존지역으로 지정되었다. 이 두 곳 이외에도 장도습지, 순천만, 물영아리, 두웅습지, 무제치늪, 무안갯벌, 강화도 매화마름 군락지, 오대산 국립공원 습지, 제주 물장오리 습지 등의 11개소 람사 습지가 국내에 있다.

경남 창녕의 우포늪은 국내 최대 면적의 자연 내륙습지이며, 우포, 목포, 사지포, 쪽지벌의 자연 늪과 함께 2017년 복원된 산밖벌이 있다.

강원도 대암산 용늪은 국내 유일의 고층(해발 1304 m)습원이며, 식물 군락이 잘 발달되어 있다. 전남 신안군의 장도습지는 이탄층에 의한 수질정화기능이 뛰어난 특징이 있으며, 순천만의 연안습지는 갈대 군락의 갯벌로서 희귀종 조류와 철새의 서식지이다. 그리고 충남 태안의 두웅습지는 해안사구의 배후 습지로서의 기능과 함께 희귀 동식물의 서식지로서 그 가치가 크다.

습지의 토양은 물에 의한 세척 정도나 유기물함량에 따라 광물성 토양과 유기성 토양으로 구분하며 물가 혹은 늪지대는 광물성 토양으로 이루어져 있고, 이탄지는 유기성 토양이 주된 성분이다.

습지의 가치를 몇 가지 범주로 나누어 살펴보면 그 첫째가 생물

〈표 5.18〉 습지의 토양특성

	광물성 토양	유기성 토양
유기물함량	$<$20～35	$>$20～35
다공성	낮다(50 % 내외)	높다(80 % 내외)
산성도	중성	산성
물함유율	낮다	높다
양이온 교환	작다	크다

의 다양성이다. 습지는 생물학적 슈퍼마켓(biological supermarket)이라고 불릴 만큼 여러 종류의 동식물에게 서식지를 제공한다. 이로 인해 위기 생물종의 보전과 유전자 은행의 역할을 감당하고 있으며, 이것들의 높은 1차 생산성으로 인해 경제적인 이익까지 인간에게 제공한다. 둘째는 생태계 유지를 위한 기능이다. 습지는 내륙이나 육상으로부터 유입된 오염물질을 정화하는 기능으로 인해 자연의 신장(nature's kidney)이라고 불릴 만큼 자연 생태계의 보전과 유지에 중요한 역할을 감당한다. 또는 수계의 흐름을 조정하여 홍수조절이나 수자원 저장, 지하수 재충전 등을 통해 생태계의 자연적 유지 기능을 담당한다. 셋째는 문화유산적 가치이다. 습지는 독특한 복합 생태계의 특징으로 인해 연구와 관광 등의 문화적 유산으로서의 가치가 크다. 이 밖에도 습지는 태풍의 약화와 해일로부터 해안선의 보호 및 철새도래지와 수조류의 서식지 등으로서의 다양한 기능을 가지고 있으나 무분별한 개발로 인해 그 면적이 세계적으로 점차 감소하고 있다.

5.4.1 갯벌

연안습지의 대명사인 갯벌은 파도가 잔잔한 해안에 조류에 의해 운반된 미사(silt)와 점토입자가 퇴적되어 생긴 평탄한 지역을 가리킨다. 퇴적상에 따른 분류로서 직경 0.2～0.7 mm 정도의 모래입자로 된 모래갯벌, 0.03 mm 이하의 직경을 가진 토사가 주성분인 펄갯벌, 그리고 이 두 성분이 혼합된 형태의 혼성갯벌이 있다. 갯벌은 조수작용에 의해 하루 중에도 바닷물에 잠기거나 땅으로 드러나기를 반복하며, 육지로부터 유입되는 풍부한 영양물질들로 인해 지구상에 존재하는 생물종의 약 20 %가 서식하는 유전자원의 보고이다. 썰물 때 갯벌의 모래나 펄 속에 남아 있는 해수를 간극수라고 하는데, 퇴적물 내의 높은 유기물 농도와 분해과정으로 인해 용존산소량도 낮으며 질산염보다 암모니아성 질소와 인산염이 풍부하다.

갯벌의 대표적인 기능은 높은 생물생산성과 오염정화이다. 갯벌에서 생산되는 수산생물과 동식물의 양은 같은 면적의 일반 육지에 비해 9배 정도 높다. 다양한 생물종들의 높은 분포밀도는 이러한 생물학적 생산성을 가능케 한다. 해방 이전부터 시작된 국내의 간척사업은 단순히 쌀 증산만을 위한 것이어서 경제적인 유익마저도 얻지 못한 결과를 가져왔다. 갯벌이 가진 오염정화기능은 매우 높다. 갯벌 1 ha는 하루 약 20 kg의 오염물질(BOD 기준)을 정화할 수 있으며, 현재 간척사업이 진행되고 있는 새만금간척지의 갯벌 20,000 ha는 하루 10만톤 처리용량의 하수종말 처리장 40개와 동일한 오염물 정화능력을 지니고 있다. 갯벌은 이 밖에도 홍수 및 폭풍의 조절, 해안침식의 완화, 희귀 동식물의 서식지 제공, 레저 및 심미적 욕구충족 등의 다양한 기능이 있다.

갯벌은 어떤 개발논리와 단기적인 이익보다도 더 큰 가치를 지닌 인류의 소중한 자연자원이다.

CHAPTER

6

건강과 환경

6.1 식량생산과 영양

1950년대 이후 1990년에 이르는 40여년 동안 세계의 곡물생산량은 거의 3배 증가했고, 1인당 생산량은 40 % 정도 증가하였다. 그러나 식량배분의 불균형과 식량생산을 능가하는 인구증가로 인해 세계인구의 20 % 정도는 여전히 만성적 식량부족으로 고통받고 있다. 식량부족은 빈곤의 원인이 되어 영양부족(undernutrition)과 영양실조(malnutrition) 상태에 놓이게 한다. 영양부족은 하루 필요한 기본적인 에너지를 섭취할 수 없는 상태이고, 영양실조는 섭취한 음식물의 열량과 무관하게 필수영양소가 결핍된 상태를 가리킨다. 세계식량농업기구(FAO)는 1990년 아프리카는 1/3, 아시아는 1/5, 라틴아메리카는 1/7의 인구가 영양부족상태라고 보고했다. 또한 전 세계적으로 500만명이 기아상태이고, 아시아와 아프리카의 개발도상국들은 어린아이 1/3이 영양부족이나 영양실조 상태이며 깡마른 몸과 큰 눈, 튀어나온 배를 공통적으로 갖는 영양결핍증을 나타낸다(소모증, marasmus). 1994년의 조사에서도 전 세계인구의 16 %가 만성적 영양부족상태이고, 9억의 인구가 영양실조를 겪고 있다. 그러나 선진국의 경우 약 15 %의 인구가 과도한 체지방의 영양과다(overnutrition)상태이고, 미국 성인여성 50 %와 성인남성 25 %가 비만증세를 나타낸다.

〈표 6.1〉 미국인 하루 권장 에너지 섭취량

나 이	평균체중(kg)		섭취열량(kcal/kg)		섭취열량(kcal/일)	
	남자	여자	남자	여자	남자	여자
15∼18	66	55	45	40	3000	2200
19∼24	72	58	40	38	2900	2200
25∼50	79	63	37	36	2700	2200
50세 이상	77	65	30	30	2300	1900

1950년 이후 세계 곡물생산량의 지속적 증가는 녹색혁명(green revolution)에 기인하였고, 육종연구로 다수확품종을 개발한 1차 녹색혁명과 생육기간이 짧은 품종 개발의 2차 녹색혁명이 있었다. 녹색혁명은 품종개발과 함께 충분한 비료와 농약을 투여하여 단위 면적당 수확량을 증가시켰다. 그러나 1970년대 초엽부터 녹색혁명이 많은 문제점을 나타내기 시작했다. 오일쇼크로 인한 유가상승은 질소비료 등의 화학비료 생산비를 상승시켰다. 질소비료 성분인 질산암모늄은 암모니아로부터 생산하고, Haber법에 의한 암모니아 합성시 필요한 수소기체는 석유 부산물인 메테인가스의 분해로부터 얻는다. 특히 병충해 등 환경적응력이 약한 다수확품종은 다량의 농약이 필요했고 농약사용에 따른 피해와 오염이 증대하였다. 또한 생산성 향상을 위한 기계화와 기업화는 생산되는 곡물이 가진 에너지의 약 세 배 정도의 화석연료를 소비하여 영농경비를 더욱 상승시켰다. 우리나라의 경우도 1975년부터 보급한 통일벼 품종이 녹색혁명의 좋은 예이다. 일반벼에 비해 수확량은 30~35% 많았지만 1, 2차 오일쇼크로 인한 비료와 농약공급의 문제점, 밥맛에 대한 소비자의 외면 등으로 인해 1990년대 이후 거의 경작하지 않는다.

1980년대 중반 이후 주춤해진 세계 곡물생산량 증가는 토양침식과 사막화 등의 자연적 현상과 함께 녹색혁명의 후퇴가 원인이다. 녹색혁명이 가져온 환경적 영향은 매우 다양하지만 식량증산 외에는 대부분 부정적 결과들이다. 전통적 경작법에 비해 많은 화석연료를 소비하여 대기오염을 촉진했으며, 농약과 비료의 과다사용에 의해 토양 및 수권 오염을 가중시켰다. 생태계의 잔류농약은 생물농축을 통해 동물과 인간에게 심각한 피해를 주었고, 비료성분에 의한 지표수와 지하수의 오염은 생태계의 균형을 깨뜨려 부영양화와 적조 등의 환경적 재해를 야기했다. 또한 대규모 관수체계는 토양침식과 염류화(5.2절 참고), 토양비옥도의 저하, 수자원고갈을 유발하여 사막화 등에 영향을 주었다. 특히 다양한 작물품종이 소수의 작물품종으로 대체되어 식물의 유전적 다양성이 상실되는 점이 심각하다. 야생과 기존의 여러 작물품종이 소수의 품종으로 모두 대체될 경우 종자보관의 한계로 인해 유전적 다양성은 소멸되기 쉽고 필요시 특정한 유전형질을 구할 수 없다. 또한 좁은 폭의 유전형질을 가진 재배종은 다양한 환경적 요인에 대해 취약성이 증가한다. 곡물수확량을 높이기 위한 품종개량은 유전공학을 이용하여 지금도 계속되고 있다. 1, 2차 녹색혁명이 가져온 문제점을 모두 극복한 제3의 녹색혁명을 추구하고 있으나 회의적인 시각이 적지 않다.

최근 10년 동안 아시아의 곡물생산량 증가는 인구증가량보다 다소 높고, 이것은 경제적 성장에 기인한다. 이 결과는 아프리카와 라틴아메리카 지역의 새로운 모델이 되고 있다.

2010년 지구상에 매년 생산되는 전체 곡물생산량은 세계 인구의 두 배에 해당되는 120억 명이 먹을 수 있는 양이지만 17 %에 달하는 10억 명의 인구가 기아에 시달리고 있고, 그중 900만 명이 해마다 식량부족으로 사망한다.

국가간 식량 공급상의 불균형은 식량자급도를 초월하는 문제이다. 식량자급을 위한 충분한 토지가 없는 국가도 있다. 이런 국가는 곡물 수입을 위한 경제력과 수출력이 있어야 한다. 인구증가와 절대빈곤에 시달리고 있는 국가는 정치적이거나 사회적인 요인이 반드시 있다. 소말리아에서 군부간 내전은 좋은 본보기이고, 교육수준 등의 사회적 여건도 많은 인구의 힘을 집중시키지 못하는 원인이다. 식량증산의 한계를 넘어서는 기아와 식량부족은 해당국가의 정치발전과 사회개발을 통해 완화할 수 있고, 관련 세계기구의 지도와 협조가 절대적으로 필요하다.

사람은 1차 생산자인 식물로부터 직접 에너지를 얻거나 동물을 통해 필요한 에너지를 얻는다. 사람이 움직이지 않고 잠을 잘 때도 에너지를 소모한다. 신체 내부기관이 쉬지 않고 활동하기 때문이며, 이런 신진대사에 필요한 최저에너지 요구량을 하루 기준으로 기초대사량(basal metabolism rate, BMR)이라 한다. 그러나 일상생활에 필요한 열량은 그 이상이고, 권장량은 나이와 체중과 성별에 따라 다르다.

〈표 6.2〉 음식물 100 g 속의 열량(kcal)

종 류	열 량	종 류	열 량
흰빵	269	감자(요리)	93
불고기	183	바나나	85
계란	163	우유	65
밥	119	사과	58
붉은콩(요리)	118	생당근	42

〈표 6.3〉 운동시 에너지소모량(체중 70 kg 성인)

종 류	열량(kcal/시간)	종 류	열량(kcal/시간)
조깅	900	롤러스케이팅	350
자전거(20 km/hr)	660	수영	300
스키	600	볼링	270
축구	530	산책	210
테니스	420	집안일	180

영양부족과 영양과다는 음식물 섭취량과 관련이 있다. 활동을 통해 소비하는 열량보다 많은 열량을 음식물로 섭취하면 잉여의 열량이 체내에 축적된다. 인체 내 에너지는 탄수화물(carbohydrate), 지방(fat), 단백질(protein)의 영양소 상태로 축적되고, 필요시 연소반응을 통해 언제나 에너지로 전환한다. 체내로 섭취한 음식물의 열량보다 운동에 의해 소비되는 열량이 더 큰 경우 탄수화물, 지방, 단백질의 순서로 분해되며 분해열량은 각각 4 cal/g, 9 cal/g, 4 cal/g이다.

탄수화물은 3대 영양소 중 분해가 가장 용이한 물질이고 성분은 당류와 전분이다. 탄수화물은 $C_6H_{12}O_6$로 표현하는 단당류(monosaccharides)가 기본이고, 결합된 개수에 따라 이당류와 다당류로 구분한다. 다당류 중에는 글리코겐(glycogen), 전분(starch), 셀룰로오스(cellulose) 등이 있다. 이 세 가지 다당류는 전부 단당류인 포도당이 연결된 것이 공통적이고 구조와 결합방식의 차이에 따라 인체

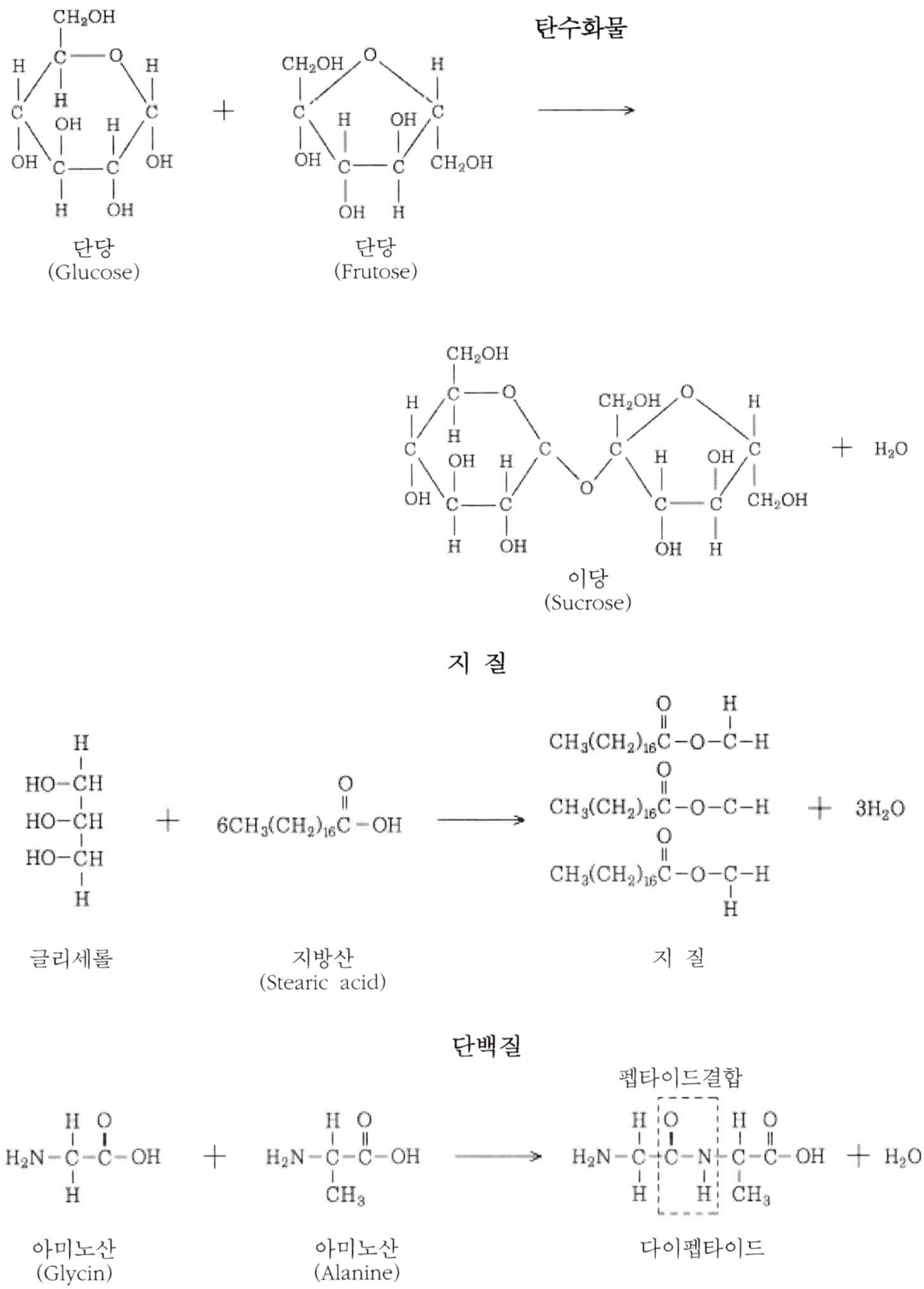

[그림 6.1] 3대 영양소의 기본구조

내의 특성이 다르다. 음식물의 소화흡수를 통해 만들어진 포도당은 인체 내에서 글리코겐이라는 분자형태로 에너지를 저장한다. 전분은 인체 내 소화효소에 의해 분해와 흡수가 가능하나 셀룰로오스는 불가능하다. 식물 조직을 이루는 셀룰로오스는 초식동물체 내에서 단당류로 분해되고, 인간은 이러한 소화능력이 없다. 사람이 운동을 할 경우 가장 먼저 에너지로 사용되는 것이 근육과 간에 저장된 글리코겐의 분해와 연소이다. 저혈당증(hypoglycemia)은 혈액 내 글리코겐의 농도가 정상치보다 낮은 경우이고, 무기력해지고 사고력 저하를 나타낸다.

$$C_6H_{12}O_6 + 6\,O_2 \longrightarrow 6\,CO_2(\text{호흡}) + 6\,H_2O(\text{땀, 소변}) \qquad (6.1)$$

지방(fat)은 1개의 글리세롤(glycerol)과 3개의 지방산(fatty acid)이 결합된 트라이글리세라이드(triglyceride)이다. 긴 탄화수소 사슬을 가졌으나 분자 내 약간의 산소원자로 인해 석유류 탄화수소와 구별된다.

트라이글리세라이드 구조를 가진 화합물을 지질(lipid)이라 하고, 지방도 유사한 의미이지만 지질에 포함된다. 지질의 95 %는 트라이글리세라이드이고 나머지는 콜레스테롤(cholesterol) 등의 스테로이드류(steroids) 등이다. 지질을 구성하는 지방산은 탄소간 결합이 단일결합만으로 이루어진 포화지방산(saturated fatty acid)과 이중결합이 있는 불포화지방산(unsaturated fatty acid)으로 구분한다.

리놀레인산(linoleic acid)은 유일한 필수지방산이고, 인체 내에서 합성되지 않고 음식물을 통해 섭취해야 한다. 지질은 세포막의 구성요소로서 인체의 에너지 저장소이다. 탄수화물은 수용성이고 분자무게의 네 배 되는 물과 회합하지만 지질은 비수용성이므로 탄수화물에 비해 작은 질량으로 동일한 열량을 저장할 수 있다. 특히 분자 내 낮은 산소 함유율 때문에 연소시 탄수화물(4 cal/g)보다 큰 에너지를 발생시킨다(9 cal/g). 또한 이런 에너지 저장의 효율성은 신체 내 과다

〈표 6.4〉 인체의 필수아미노산

Isoleucine	Phenylalanine
Leucine	Threonine
Lysine	Tryptophan
Methionine	Valine

영양상태의 에너지를 체내 지질로 축적한다. 단백질은 인체 내 조직의 구성과 유지에 필요한 영양소이고 효소와 호르몬을 생성한다. 단백질은 20여종의 아미노산(amino acid)이 펩타이드결합(peptide bond)하여 이루어진 폴리펩타이드(polypeptides)이다. 아미노산의 종류는 인체 내에서 만들지 않는 필수아미노산(essential amino acid)이 있고, 이 아미노산들은 반드시 음식물을 통해 섭취해야 한다.

인체의 단백질을 구성하는 아미노산은 혼합비율이 동물성 단백질인 우유와 계란에 가깝고 밀이나 콩 등의 식물성 단백질과 차이가 있다. 아미노산의 이용률을 고려하면 동물성 단백질이 고급 단백질이고, 식물성 단백질은 하급 단백질이다. 그러나 10 % 원칙이란 말처럼 초식동물이 식물로부터 섭취한 단백질의 10 %만 체내에 흡수된다. 이런 관점에서 동물성 단백질 섭취만 추구하기보다 식물성 단백질로부

〈표 6.5〉 식품 단백질 내 필수아미노산의 상대함량(계란 단백질 100 % 기준)

	쌀	밀	콩	땅콩	옥수수	쇠고기	어류
Isolecine	84	64	97	66	103	84	105
Leucine	91	78	89	79	167	87	106
Lysine	52	44	111	57	38	141	148
Methionine	106	78	53	25	97	84	100
Phenylalanine	89	91	95	88	89	70	79
Threonine	78	67	80	57	76	90	96
Tryptophan	118	109	127	72	55	92	109
Valine	88	62	76	66	76	73	86

터 인체의 필요한 단백질을 직접 보충하는 방법이 필요하다. 영양학자들에 의해 제시된 상호보완법은 이런 문제를 해결한다. 필수아미노산 중 Lysine은 콩에 풍부한 반면 쌀에 적고, Methionine은 쌀에 풍부하고 콩에 적다. 이 경우 쌀과 콩을 섞어 먹으면 성분 상호간의 보충효과가 있어 동물성 단백질을 섭취한 경우와 유사한 결과를 나타낸다. 실제로 밥을 지을 때 콩을 섞으면 쉽게 상호보완법을 실행할 수 있고, 같은 양의 쇠고기에 비해 필수아미노산 섭취량은 비슷하거나 그 이상이다.

이 상호보완법은 현실적으로 육식이 어려운 사람이나 채식주의자들이 특정 아미노산의 결핍으로 인해 겪을 수 있는 영양실조를 방지하는 데 도움을 준다.

6.2 독성물질

인간의 생활환경에 유독물질(toxic substance)이 다양하게 존재한다. 곰팡이, 곤충, 뱀, 버섯류, 독초, 복어 등 자연 속 생물들에 의한 것들과 농약, 산업폐기물, 중금속, 의약품 등의 인위적인 물질이 있다. 일반적으로 독성 화학물질(toxic chemicals)은 실험대상동물 중 50 %에게 치명상을 입힐 수 있는 물질을 말하며, 독극물의 정의는 '14일 이내 LD_{50}이 50 mg/kg 이하'로 표현한다. 독성물질이 인체에 미치는 영향과 피해형태는 단기간의 사망, 발암인자(carcinogen), 돌연변이유발(mutagen), 기형유발(teratogen) 등이다. 이 절에서는 인간이 합성한 대표적 독성물질 몇 가지만 소개하고자 한다.

6.2.1 다이옥신

다이옥신류(dioxins)는 대표적 독성물질이다. 이미 언급한 쓰레기 소각과 제초제 제조의 경우 외에, 제지공장의 펄프표백과정, 화학공장, 담배연소 등에서도 발생한다. 인체에 끼치는 피해 형태는 다양하고 월남전 고엽제 피해의 경우와 같이 각종 암발생과 신체장애는 오염된 대상자와 자손까지 영향을 준다. 또한 내분비계 장애물질(endocrine disruptor, ED, 일명 환경호르몬)로 작용하여 성호르몬 분비감소와 중추신경계 이상을 일으킨다. 주된 오염경로는 토양과 사료에 축적된 후 우유와 육류섭취 등의 음식물 섭취를 통해 인체 내로 유입된다. 체내의 다이옥신은 대부분 음식물을 통해 들어온 것이고, 수유를 통해 신생아에게 전달되지만 비수용성 때문에 체외로 배출되지 않고 지질층에 누적된다.

다이옥신은 폴리염화 다이벤조파라다이옥신(poly chlorinated dibenzo-p-dioxin, PCDD)의 구조를 가지는 화합물 전체를 가리키는 총칭이고, 가장 대표적인 물질이 2,3,7,8-tetrachlorodibenzo-p-dioxin (TCDD)이다. 넓은 의미의 다이옥신류는 PCDD와 유사한 구조의 독성물질인 폴리염화 다이벤조퓨란(polychlorinated dibenzofuran, PCDF)도 포함한다.

TCDD는 다이옥신류 중에서 독성이 가장 크고 다른 이성체의 독성은 TCDD를 1로 기준한 독성등가값(toxic equivalent quantity, TEQ)으로 나타낸다. TCDD는 지구상에 존재하는 인공화학물질 가운

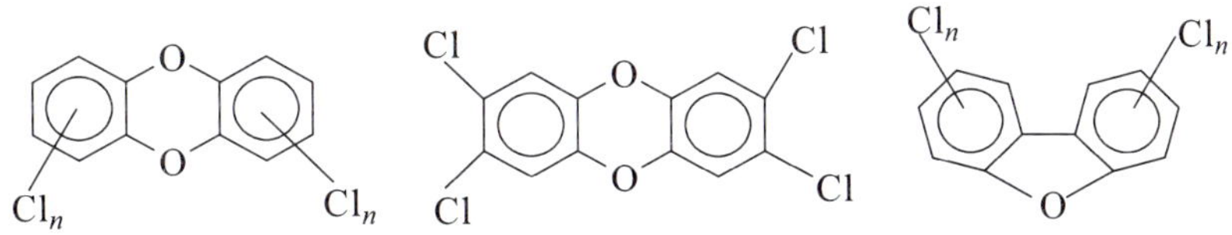

PCDDs TCDD PCDFs

[그림 6.2] 다이옥신류의 구조

〈표 6.6〉 TCDD의 급성 치사량(LD_{50})($\mu g/kg$)

동물종류	LD_{50}
실험용 흰쥐	0.6～2.5
토끼	115～275
개	100～3,000
원숭이	<70
햄스터	1,150<5,000

데 최고의 독성을 가지고 있다.

다이옥신은 물에 거의 녹지 않으며 구조적으로 안정한 물질이다. 유일한 자연적 분해과정이 기체상태에서 태양광에 의한 광분해이나 입자상 물질과의 강한 결합으로 인해 거의 진행되지 않는다. 토양이나 수중에 유입된 다이옥신은 지속적으로 머무르지만 기름성분과 화학약품에는 쉽게 용해되어 원거리 이동을 하기도 한다. 다이옥신의 인체 내 유입은 음식물을 통한 경우가 1차적이며, 식물의 뿌리를 통한 흡수는 불가능하나 토양과 수중에 분산된 성분이 생물농축되어 사람에게 전달된다. 인체 내의 다이옥신은 비수용성으로 인해 체외로 배출되지 않고 지방질 속에 지속적으로 축적된다.

자연분해에 의한 다이옥신의 토양 내 반감기는 100년 정도이고,

〈표 6.7〉 미국 내 식품 중 다이옥신 평균농도(pg/g)

식품종류	총 TEQ
쇠고기	1.5
소갈비 스테이크	0.65
돼지고기	0.3
닭고기	0.03
고지방 크림	0.4
훈제 대구	0.03
물고기	0.023

〈표 6.8〉 우리나라 생활환경 중 다이옥신 섭취량(pg/kgbw/일)

	대도시	중소도시	소각장 주변	배경도시
식품	0.26～3.26	0.26～3.26	0.26～3.26	0.26～3.26
대기	0.18	0.15	0.9～1.2	0.02
토양	0.084	0.084	0.63	0.008
물	0.001	0.001	0.001	0.001
계	0.52～3.52	0.50～3.50	1.79～5.09	0.29～3.29

인체 내 반감기는 7～11년이다. 다이옥신의 오염도는 지역에 따라 차이가 있고 개인에 따라 선호하는 식품 종류에 따라 다르다. 직접 오염이 없는 고산지대 배경도시와 특정지역의 오염도는 〈표 6.8〉에 나타나 있다.

1970년대 미국의 Love Canal 사건(7.3절 참고)과 이탈리아의 Seveso 화학공장 폭발 사건(7.3절 참고)은 월남전 고엽제 피해와 함께 다이옥신의 위험성을 보여준 대표적 사례이다.

6.2.2 폴리클로로비페닐류 및 다핵 방향족 탄화수소류

폴리클로로비페닐(polychlorobiphenyl, PCB)은 비페닐분자의 치환가능한 10개 자리에 부분적으로 염소원자가 수소와 교환된 분자이다. 염소가 3개 이상이면 불연성이고, 열적으로만 안정할 뿐 아니라 화학적으로도 안정하다. 또한 높은 전기절연성을 가지고 있어서 전선피복재와 변압기용 절연유로 널리 이용되었다. 이 밖에도 윤활유나 절삭유, 비카본복사지 등에 사용되었다. PCBs는 피부와 간에 장애를 일으키는 독성물질이다. 1968년 일본에서 가네미(Ganemi) 사건(7.3절 참고)이 발생하기 이전까지 그 독성과 환경오염은 크게 주목받지 못했다. 가네미 창고 회사의 미강유(rice seed oil)제품 속에 제조공정상의 누출로 PCBs가 석여 버렸다. PCBs로 오염된 미강유를 섭취한 사람들에게 급성독성이 나타나 최소 29명이 사망하고 1,300여명의 환자가 발생하였다. PCBs는 피부의 색소침착, 심한 발한, 시력장해, 통증, 저체중아 등의 증상을 나타내고, 비수용성으로 인해 동물지방에 축적된다. 1975년 이후 PCBs의 생산은 대부분의 나라에서 종결되었으나, 이미 40여만 톤 정도가 자연에 배출되었다. 주로 토양에 매립된 PCBs는 지하수와 지표수를 통해 수중생태계를 오염시켰고, 어류와 수중포유동물의 체내에서 서식지 수중농도의 최고 천만 배 이상이 검출되었다. 생물농축을 통해 먹이사슬의 상부에 위치한 대형 수중포유류와 조류에서 중독증상이 나타났으며, 생식속도가 느려지고 면역체계가 손상되었다. 자연에 폐기된 PCBs는 화학적 안정성으로 인해 분해되지 않고 아직도 음식물을 통한 체내유입으로 만성적인 중독피해를 나타내고 있다.

다핵방향족탄화수소류(polynuclear aromatic hydrocarbon, PAHs)는 [그림 6.3]의 벤조피렌의 구조와 같이 2개 이상의 방향족고리로 서로 연결된 화합물들의 총칭이다. 대부분이 불완전연소로부터 발생하고, 자동차용 디젤엔진의 매연이나 화석연료 난방기의 불완전연소가 주된 발생원이다. 흡연시 체내로 유입되고 자연적으로는 대규모 산불이나 화산폭발시에도 발생한다. PAHs 중에는 지금까지 발암물질로 밝혀진 것이 8개 정도이고, 그중 벤조피렌(benzopyrene)이 대표적이다. 인체의 유입경로는 흡연이 대표적이고 잘 씻지 않은 야채나 곡물, 그리고 훈제요리 등을 통해 체내로 들어간다. PAHs는 급성중독보다 만성위험이 큰 물질들이고, 저농도의 장기간 노출에 대한 독성과 발암메커니즘에 대해서는 아직도 불분명하다.

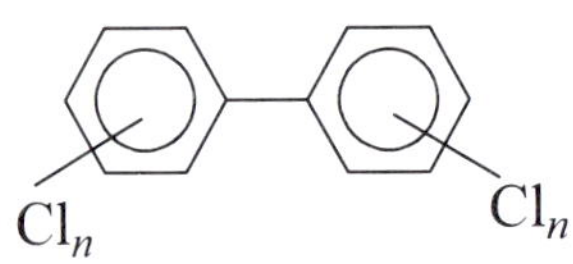

PCBs

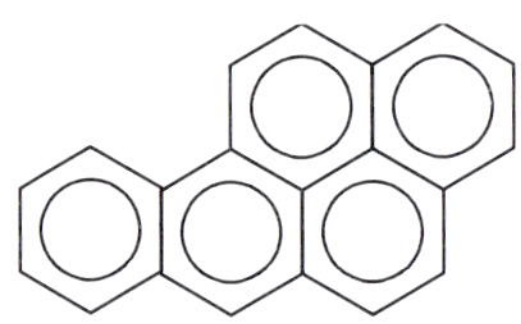

PAH(benzopyrene)

[그림 6.3] PCBs 일반구조와 PAH

6.2.3 탈리도마이드

탈리도마이드(thalidomide, 7.3절 참조)는 1956년 독일의 제약회사에서 개발한 신경안정제이고 의약품에 의한 독성피해의 대표적 사례이다. 탈리도마이드는 임산부들이 복용할 경우 거의 수족이 발달되지 않는 심한 기형아(일명 물개아)를 출산했다. 입덧을 완화시키기 위해 처방된 의약품이 기형유발물질(teratogen)로 작용할 줄 누구도 생각하지 못했다. 따라서 1962년 판매가 금지되기까지 의사의 처방전 없이 누구든지 약국에서 마음대로 구입할 수 있었으며, 그 결과 일본의 1,000여명을 포함하여 전 세계적으로 10,000여명의 기형아가 출산되었다. 그러나 최근에 탈리도마이드에 관심이 다시 높아지고 있다. 그 이유는 이 물질이 AIDS 환자와 나병환자에게 도움을 주기 때문이다. 탈리도마이드는 AIDS 바이러스의 복제를 방해하고 구강종기와 나병환자의 외상치료에 효과가 있음이 밝혀지고 있다. 이 밖에도 다양한 유효성이 새롭게 발견되어 임산부를 제외한 대상의 치료에 선택되고 있다.

6.2.4 식품 첨가물

정상적인 식품 첨가물은 그 용도에 따라 방부제(antiseptic), 산화방지제(antioxidant), 착색제(colorant), 감미제(sweetner) 등이 있으나 취급상의 부주의와 관리 소홀로 인해 식품 내 비고의적으로 생성된 독성물질이 존재할 수 있다. 베이컨이나 햄 등의 육가공식품의 붉은색 유지와 방부제로 첨가되는 아질산염은 혈액 내 헤모글로빈과 결합하여 메트헤모글로빈을 형성하므로 혈액의 산소운반능력을 현저히 감소시켜 호흡곤란을 일으키거나 어린이의 경우 청색증을 유발한다. 또한 첨가물로 들어가는 아질산이 식품 내 아민류와 결합하면 강력한 발암물질인 니트로소아민을 형성한다. 또한 장기간 보관된 곡물류에서 발견되는 아플라톡신(aflatoxin)은 곰팡이에서 생성된 독성물질로서 발암성을 나타내고, 동물 사료 속에 첨가된 항생제와 합성 호르몬은 일부가 인체 내에서 항생제 내성증가와 기형아 출산이나 발암의 원인이 되기도 한다.

6.3 내분비계 장애물질(환경호르몬)

환경호르몬(environmental hormone)이란 말은 1997년 초엽 일본학자들에 의해 처음 사용되었다. 환경으로 방출된 유해화학물질이 마치 호르몬처럼 작용한다고 붙여진 용어이고, 학술적 표현은 내분비계 장애물질(endocrine disruptor, ED)이다.

ED는 1996년 12월 영국에서 개최된 세계보건기구(WHO)회의에서 "내분비계 기능을 변화시켜 정상적인 개체나 그의 자손에게 건강상의 장애를 유발하는 외인성물질"로 정의되었다. ED는 다이옥신류

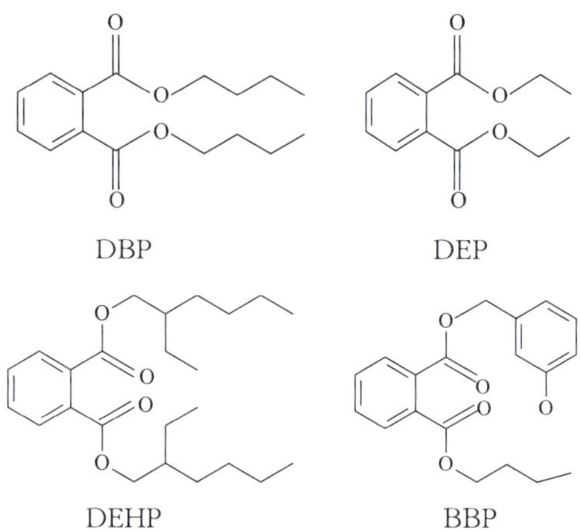

[그림 6.4] 대표적인 프탈레이트의 구조

처럼 맹독성 유해물질도 있으나 폴리카보네이트(polycarbonate)와 비스페놀 A(bisphenol A)처럼 급성 독작용이 없는 것도 많다.

특히 대부분의 플라스틱에서 가소제(plasticizer)로 사용되는 프탈레이트(phthalates)는 화장품의 첨가제로도 이용되는 전형적인 내분비계 장애물질이다. 대표적인 예로서 DBP(dibuthylphthalate), DEP (diethylphthalate), DEHP(diethylhexylphthalate), DOP(dioctylphthalate), BBP(buthylbenzylphthalate) 등이 있다. 음식물 포장재와 플라스틱 용품들로 인해 인체 내로 유입된 프탈레이트 분자들은 지용성으로 체내 지방에 축적되고 성호르몬의 분비와 운반을 방해한다.

ED는 물질의 종류에 따라 교란하는 호르몬의 종류와 방법이 다르다. 내분비계(endocrine system)는 동물의 항상성(homeostasis)과 생식(generation) 등에 관여하는 각종 호르몬을 생산하는 기관이고 내분비선(gland), 호르몬(hormone), 표적세포(target cell)로 구성한다. 일반적 내분비선 기능은 호르몬의 합성과 방출, 수용체(receptor)와 결합 및 활성화, 유용한 세포반응 발생 등의 단계적 과정을 거친다. ED는 주로 호르몬과 수용체의 결합을 방해하고 호르몬 유사작용(mimics action), 차단작용(blocking action), 촉발작용(trigger action)

〈표 6.9〉 대표적 내분비계 장애물질의 발생원과 방해기전

종 류	발생원	방해기전
다이옥신류	쓰레기 소각장	촉발작용
PCBs	전선피복, 절연제	유사작용
비스페놀 A	합성수지, 마개 내부코팅제	유사작용
DOP, DBP	플라스틱 가소제	유사작용
스타이렌 다이머/트리머	식품용기(컵라면)	호르몬 합성장애
DDE	농약(DDT 분해생성물)	차단작용
DES	합성에스트로겐	유사작용
유기주석 화합물(TBT)	PVC 안정제, 선박용 도료	촉발작용

DDT(dioctylphalate), DBP(Dibutylphthalate)
DES(Diethylstylbestrol), TBT(Tributyltin)

형태로 작용한다. ED의 호르몬 유사작용은 정상호르몬처럼 호르몬수용체와 결합하여 세포반응을 방해하는 것이고, 차단작용은 호르몬이 수용체와 결합하는 것을 봉쇄하는 경우이다. 촉발작용은 ED가 수용체와 반응을 일으켜 비정상적 세포반응을 유발시키는 경우이다.

현재 세계생태보전기금(world wildlife fund, WWF)에 등재되어 있는 ED는 모두 67종이며, 일본후생성의 분류에는 142종이 수록되어 있다.

자연의 야생동물이나 사람에게 미치는 ED의 영향은 생식기능 이상, 유방암 및 전립선암 발생, 면역기능저해 등이고 각 생물종에 따라 다양한 피해가 보고되었다. 패류의 경우 1980년대 초엽부터 영국과 프랑스의 참굴(crassostreagigas)생산량이 감소하고 패각기형현상이 심화되었다. 조사결과 인근 요트장과 조선소로부터 물속에 유입되는 트라이부틸주석(tributyltin, TBT)에 의한 것이 밝혀졌다. 유기주석화합물인 TBT는 선박용 페인트에 첨가되어 선박바닥에 부착생물(fouling organism)이 달라붙지 못하게 방지하는 부착방지제(antifoulant)로 사용한다. 뛰어난 부착방지작용은 선박뿐만 아니라 해양구조물과 어구 등으로 이용분야가 확대되었다. 지속적 TBT의 사용은 수중농도를 증가시켰고, 굴의 개체감소와 기형화뿐만 아니라 고동과 소라 등의 부족류(gastropod)는 암컷에 수컷의 생식기가 생기는 임포섹스(imposex)현상을 유발하였다. 프랑스는 굴생산지인 아카숑만에서 TBT 사용을 규제하였고 굴생산량은 다시 회복되었다. 1 ng/L 수중농도 이하에서도 TBT에 의한 임포섹스현상이 보고된 바 있다.

조류의 경우에도 다이옥신류와 PCBs에 노출된 제비갈매기는 부화장애와 갑상선비대, 수컷의 난관발달 등이 보고되었다. 어류의 경우도 ED에 의한 생식장애가 보고되었다. 1996년과 1997년 사이 일본 도쿄의 다마강에서 수십 ppt(ppt$=10^{-12}$)의 알킬페놀(alkyl phenol)이 검출되었고 수컷 잉어의 비율도 현저히 낮아졌다. 알킬페놀은 합성세제에 사용하는 비이온성 계면활성제의 분해로 생성되고, 수컷의 정소발달을 방해하는 작용이 이미 알려져 있다. 또한 다이옥신의 오염이 의심되는 펄프공장 하류에 서식하는 농어들에서 생식기의 퇴화, 성징결여, 성숙지연 등이 관찰되었다. 야생동물 포유류에서도 최근 생식기의 결함이 공통적으로 나타나고 개체수 감소, 암수성비의 불균형 등이 여러 지역에서 보고되었다.

ED에 의한 인간의 피해는 단편적으로 남성의 정자수 감소와 여성의 유방암 발생률 증가 등으로 보고되지만, 정확한 피해 정도와 반응 메커니즘은 확인된 바 없다. 오염물질에 의한 장기적 영향은 관찰상의 시간적 제한으로 인해 피해경로의 확인이 어렵다. 그러나 최근에 인체에 미치는 ED의 영향에 관해 상당한 정보가 축적되어 있다. 대만에서는 PCBs에 오염된 식용유를 먹은 산모들에서 태어난 자녀들이 성장지연, 사춘기의 성기왜소증이 관찰되었다. 유사한 결과는 DES의 경우 이미 보고된 바 있다. 1970년대부터 임산부의 유산방지제로 사용된 DES는 자녀들에게서 그 피해가 보고되었다. 여성호르몬 에스트로겐(estrogen)을 대신해서 합성에스트로겐으로 이용하는 DES는 지금까지 폐경기 이후의 여성들에게 치료목적으로 사용되고 있으며, 1970년대에는 임산부에게 가장 흔한 처방약제였다. 임신기간 중 DES를 복용한 여성들은 아무런 부작용과 피해가 없었다.

그러나 태어난 아이가 남자일 경우 심각한 생식기관 장해를 나타내었다. 고환발육이 되지 않거나 비정상적 정자로 인한 남성불임이 관찰되었고, 여성생식기관을 같이 가진 경우도 있었다. 여아일 경우 어릴 때는 특별한 증상이 없으나 10대 후반부터 질종양이 발생했고, 기형자궁으로 인한 불임과 양성적 기질의 증가 등이 나타났다. 평균적으로 동성애자의 비율이 높고 우울증 등의 정신적 질환도 발생률이 높았다. 그 후 동물을 대상으로 한 DES의 실험은 유사한 결과를 나타내었다. 이같이 치료목적으로 사용한 DES와 사고로 인한 ED 오염 이외에는 사람에 대한 구체적인 영향에 대해 축적된 자료가 없다. 다만 최근의 두드러진 몇 가지 현상들에 대한 ED의 관련성을 밝히기 위한 노력이 계속되고 있다. 주목할 만한 현상들은 세계 여러 지역에서 보고되는 최근의 현상들이고, 남성의 정자수 감소, 특정 암(전립선암,

고환암, 유방암) 발생률의 증가, 기형아 출산과 불임, 학습장애아의 증가, 동성연애자의 증가 등이 있다.

1962년 미국 생물학자인 레이첼 카슨(Rachel Carson)은 『침묵의 봄(silent spring)』이라는 그녀의 저서를 통해 조류의 체내에 축적된 DDT로 인해 조류의 내분비계 작용이 방해를 받게 되고, 심각한 생리기능상의 장애를 가지게 될 것임을 이미 언급한 바 있다. ED의 가장 치명적인 특성은 생물농축에 의해 상위 포식자에게는 기하급수적으로 농축된다는 점이다. 이와 관련하여 PCB성분의 체내 농축을 예로 든 대표적 저서가 있다.

1996년에 출간된 『도둑맞은 미래(our stolen future)』에서 Theo Colborn 등의 저자들은 ED로부터 자신 스스로를 보호하는 노력을 역설한 바 있다. 현실적으로 우리의 생활환경 도처에 널려 있는 ED로부터 보호받기는 쉽지 않다. 그러나 바른 지식에 기초한 주의력과 의지는 자신과 자녀들의 피해를 줄이는 데 도움을 줄 수 있을 것이다. 여기에서 몇 가지 사항을 통해 내분비계 교란물질의 위험을 감소시킬 방안을 제시해 본다.

첫째, 물과 음식물을 잘 선택하고 취급해야 한다. 맑은 물과 신선한 식품은 건강한 삶에 필수요소이다. 가능하면 동물성 지방섭취를 줄이고 농약 오염이 작은 곡류와 야채를 주식단으로 가진다. 조리시 전자레인지와 포장용 랩(wrap)을 피하고 플라스틱 주방기기를 너무 신뢰하지 않는다. 불에 굽거나 기름에 튀기거나 훈제된 음식보다 잘 익힌 음식을 선호한다.

둘째, 건강한 삶을 위해 노력한다. 금연은 필수적이고 쓰레기양을 최소화한다. 개인위생과 공중위생을 항상 실천한다. 쓰레기 분리를 생활화하고 음식물쓰레기의 퇴비화를 실천한다. 약물남용을 피하고 의약품 사용을 최소화한다.

셋째, 합리적 소비형태를 지향한다. 플라스틱 장난감을 목재제품으로 대체하고 살충제와 농약사용을 최소화한다. 일회용품의 사용을 자제하고 절약과 재활용을 생활화한다. 강력세척제와 주방용 염소제품의 사용을 줄인다. 단순포장을 이용하고 종이소비를 최소화한다.

6.4 유해전자파

전자파는 전기 및 자기의 흐름에서 발생하는 광범위 주파수영역의 전자기 에너지를 말한다. 전자파의 종류는 다양하나 인체에 영향을 줄 수 있는 전자파는 극저주파(ELF), 초저주파(VLF), 라디오파(RF), 마이크로파(micro wave) 등이 있다. 자장의 세기는 가우스(gauss, G)와 테슬라(tesla, T)단위로 나타낸다. 어느 정도의 세기를 가진 전자파가 인체에 영향을 주는가에 대해서는 세계적으로 통일된 기준이 아직 없다. 다만 스웨덴은 자계의 허용한계를 50 cm의 거리에서 2.5 mG 이하로 규정하고, 미국의 국립방사선 보호위원회도 최근 가전제품의 자계 안전치를 2 mG 이하로 정하였다. 전자파의 유해성여부는 지루한 논쟁을 계속하고 있으며 발암성에 대해서도 상반된 견해가 존재한다. 그러나 이런 의도적인 주장들과 달리 실제로 여러 현상이 나타나고 있다.

1950년대부터 미국에서는 고압선로 주변 농작물의 성장속도 둔화와 젖소의 우유생산량 감소 등의 현상에 대해 관심이 증가하였다. 그 이후 1970년대에는 고압송전선 주위 주민들의 반발이 거세졌고, 콜로라도 대학의 조사결과는 고압선로 주변의 아동들이 일반 아동보다 백혈병 발생률이 두 배 많은 것을 밝혔다. 이 같은 결과는 1992년 스웨덴의 카로린스연구소가 50만명의 고압선 주변 거주자를 26년 동안 관찰한 보고에도 나타나 있다. 2 mG 이하 지역은 일반 지역에 비해 2.7배, 3 mG의 경우 3.8배의 소아백혈병환자가 발생했다. 우리나라에도 컴퓨터 모니터 앞에서 작업하는 사람들에게 나타나는 VDT 증후군(visual display terminal syndrome)이 보고되었고 노동부자료에 의하면 1998년 상반기에만 120명의 요양승인 환자가 발생하였다. VDT 증후군은 컴퓨터 모니터나 TV의 전자파에 장시간 노출되어 나타나는 증상이고 눈의 통증과 근육통, 유산 및 사산, 기형아 출산 등의 현상이 발생한다. 캐나다의 경우 토론토스타(Toronto star)신문사에 근무했던 VDT 사용자 7명의 출산에서 4명이 기형아였다. 이들 산모들은 약물복용 경험이 전혀 없는 건강한 젊은 여성들이었다. 특히 같은 기간 같은 회사 내 VDT 근무경험이 없는 3명의 여성은 모두 정상아를 분만하였다. 이런 유사한 결과들이 2년 동안 미국과 캐나다에서만 7건이 발생하였다. 1984년에는 GTE 통신회사에 근무하는 32명의 VDT 임산부 가운데 17명이 유산과 기형아 출산을 경험했다. 이런 유해성에도 불구하고 각국 정부는 VDT 전자파에 대한 규제를 미루고 있다. 그 이유는 VDT 생산업체와 VDT 근무자들에 의한 파급효과 때문이다.

인체는 심전도검사나 뇌파검사 등에서 보듯이 모든 기능을 뇌로부터 전기적인 신호를 통해 제어된다. 따라서 VDT 증후군도 간뇌에 연결된 송과체의 작용에 방해를 받아 생긴 결과로 추측하고 있다. VDT 이외에도 전자파를 발생하는 가전제품은 많으며 전자레인지, TV, 전등, 전기담요, 컴퓨터 등이 있다. 이 중에서도 전기담요는 100 mG 이상의 큰 자계를 형성하므로 임산부에게 매우 위험하다. 전자레인지에서 사용하는 마이크로파는 1 mm～1 m의 파장을 가지고 있다. 3～10 cm 파장은 피부 1 cm까지 투과하나 25～1 m 파장은 신체 내부까지 투과한다. 마이크로파에 의한 인체의 대표적 피해형태는 신체 장기의 열작용이고 백내장 증세가 가장 잘 알려져 있다.

이 밖에도 남성생식기관의 온도상승에 따른 세포분열장애도 보고되었다. TV의 경우 화면이 작을수록 전자파 발생량도 작고, 14인치의 경우 화면 1 m 앞에서 2.5 mG나 2 m를 넘으면 거의 0이다. TV의 전자파는 측면과 후면에서도 발생하고 전면보다 강하다. 컴퓨터는 작업자의 위치가 가깝기 때문에 TV보다 위험하나 노트북의 액정화면은 전자파 발생이 거의 없다. 그 밖에 전기면도기에서도 전자파를 방출하고 10 cm 거리에서 25 mG의 자계를 형성하며, 형광등은 10 cm 거리에서 100 mG를 나타낸다. 전자파의 강도는 거리의 제곱에 반비례하므로 전자파의 피해를 감소시키는 가장 쉬운 방법은 발생원으로부터 가능한 한 멀리 있는 것이다.

6.5 소음과 진동

6.5.1 소음

소음(noise)은 '원치 않는 음'으로 정의하여 주관적인 면이 강하다. 소음의 단위는 데시벨(decibel, dB)이고, 전화의 발명자 Alexander Graham Bell의 이름에 작은 단위로 표현하기 위해 1/10을 의미하는 deci를 붙여 합성어를 만들었다.

데시벨은 일정한 크기의 음을 기준으로 하여, 그 비율을 대수값으로 나타내므로 소음이 10배 증가할 때마다 10 dB씩 증가한다. 마주 앉아 이야기하는 소리는 60 dB 정도이고, 시끄러운 시가지의 소리는 70 dB, 기차가 지나갈 때는 100 dB, 비행기 이륙시는 140 dB 정도이다. 사람은 85 dB 이상에서 스트레스를 받기 시작하고, 100 dB 이상의 소음을 계속해서 들으면 청각장애를 일으킬 수 있다. 소음이 주는 영향은 불쾌감, 수면방해, 작업능률의 저하, 대화장애, 생리기능장애, 청력장애 등이 있다.

소음이 주는 불쾌감은 청음시 정서적으로 불쾌감을 갖는다. 높은 음은 낮은 음에 비해 영향력이 더욱 크다. 35 dB은 30 dB에 비해 잠드는 시간이 20 % 늦어지고 깨는 시간은 10 % 빨라진다. 소음으로 인해 작업능률이 저하되는 실험적 결과는 많고 대체로 소음 정도가 심할수록 능률은 저하된다. 또한 학습효과도 영향이 있다. 50~54 dB에서는 공부의 현저한 피해를 나타낸다. 소음은 생리적으로 맥박수를 증가시키고 혈압상승과 발한작용을 증가시킨다. 100 dB 이상의 소음에 지속적으로 노출될 경우 청력장애가 발생할 수 있고, 일시적 청력손실은 시간의 흐름에 따라 다시 회복된다.

소음발생원은 교통소음, 생활소음, 작업장소음의 세 종류가 있고, 교통소음은 자동차소음과 비행기소음으로 나눌 수 있다. 자동차소음은 엔진소음과 타이어소음이 있다. 시속 60 km 이내에서는 정지 후

〈표 6.10〉 전국 도시 지역별 소음현황(dB, 2017년)

	낮		밤	
	일반지역전용주거	도로변상업지구	일반지역전용주거	도로변상업지구
환경기준치	50	70	40	60
서울	57	69	51	67
부산	58	69	52	63
대구	58	68	50	62
인천	59	68	52	63
광주	55	66	48	60
대전	58	62	51	57
춘천	56	69	49	63
전주	56	66	49	61
창원	57	65	47	58
성남	58	67	53	60
포항	58	65	54	61
구미	56	63	47	53
충주	54	66	48	58
여수	55	66	49	61
제주	58	67	49	63

가속과정의 엔진소음이 가장 큰 비중을 차지하고, 시속 60 km 이상에서는 타이어 마찰에 의한 소음이 지배적이다. 교통밀도에 따른 소음증가보다 차량속도에 의한 소음증가가 더욱 크다. 차량속도는 같고 교통량만 두 배로 증가하면 소음이 3～5 dB 증가하지만 동일한 교통량에 속도가 두 배로 증가하면 소음은 10 dB 증가한다. 따라서 심야시간의 교통량 감소에 따른 소음감소는 차량속도증가에 따른 영향 때문에 별로 의미가 없다. 항공기에 의한 소음은 최근 운항횟수의 증가로 인해 높아지는 경향이다. 이에 대한 대책은 이착륙각도의 조절, 저소음기종의 개발, 역추진장치 사용의 제한 등이 있다.

생활소음은 거주지를 중심으로 일상생활 가운데 발생되는 소음이고, 다양한 배출원이 있다. 생활수준의 향상으로 정숙한 생활환경을 추구하지만 현실적으로 도시화와 산업화로 인해 소음도는 더욱 증가하는 추세이다.

〈표 6.10〉의 자료에서 서울의 생활소음도는 다른 도시보다 낮은 편이다. 일반주거지역의 소음도가 다른 지역에 비해 가장 기준치에 가깝다. 작업장소음은 사업장에 설치된 기계에서 발생하는 소음이고, 반복성으로 인해 습관성소음이라고도 한다. 국내에 설비된 기계류의 평균 소음도는 100～105 dB 정도이고, 10 m 거리에서 75 dB 정도이며, 100 m 거리에서는 55 dB밖에 되지 않는다. 대도시 주거지역에 위치한 사업장으로부터 발생되는 소음은 주민간 마찰의 원인이 될 수 있고, 진동방지시설과 소음경로차단처리를 통해 저감시킬 수 있다.

6.5.2 진동

진동(vibration)은 소음과 함께 발생하는 물체의 떨림현상이다. 주된 발생원은 공장진동, 건설작업진동, 교통진동 등이 있다. 공장진동은 프레스기계류에 의한 진동이 가장 큰 비중을 차지하고 우리나라의 경우 전국의 진정건수 중 약 1/2을 차지한다. 건설작업진동은 공장진동에 비해 더욱 심하지만 한시성에 대한 주민들의 기대감으로 공장진동보다 진정건수는 작다. 교통진동은 자동차와 기차에 의한 진동이고 노면정비와 성토를 통해 10 dB 정도의 진동을 감소시킬 수 있다. 진동이 인체에 영향을 주는 부위에 따라 전신진동(whole body vibration)과 국소진동(handarm system vibration)으로 구분한다. 전신진동은 주로 대형자동차의 운전자들이 받는 진동형태이고, 국소진동은 공구사용시에 받는 손목과 팔을 중심으로 한 진동이다. 전신진동이 인체에 끼치는 생리적 영향은 호흡수 증가, 혈압상승, 말초혈관 수축, 심장박동수 증가, 에너지대사율 증가, 교감신경흥분 등이 있다. 그러나 국소진동은 수면과 정서장애, 혈관축소, 근육 및 관절 통증, 위장장해, 심장장해 등을 유발한다. 우리나라의 경우 아직까지 체계적인 진동관리업무가 시행되지 않고 있으며 진동배출 허용기준과 진동규제법만을 제정한 상태이다.

6.6 생명공학

생명공학(biotechnology)을 경제협력개발기구(organization for economic cooperation and development, OECD)에서는 '생산물제조나 서비스활동을 목적으로 생물로부터 나온 인자를 이용하여 물질을 제조하는 과학적 원리와 과정, 그 결과 생산된 물질의 처리까지 포함하는 것'으로 정의한다. 따라서 생명공학은 생물의 기본단위인 세포의 구성성분을 이용하는 공학이고, 기초과학의 전 분야에 공학적인 기술을 적용한 것으로 볼 수 있다. 1950년대 초엽 Watson과 Crick이 DNA 구조를 밝힌 후 생명현상을 분자적 관점에서 해석하려는 분자생물학이 급격히 발전하였다. 인간의 신체는 복잡한 화학공장과 같다. 이런 관점에서 생물학의 연구는 세포나 조직체가 아닌 분자에 집중되고 있다. 생명공학은 생체이용기술과 세포모방기술의 이용분야가 있다. 유전자 재조합기술은 당뇨병환자를 위한 인슐린제조 유전자 생산에 이용한다. 인체세포 내 인슐린합성 유전자를 박테리아의 DNA 고리 속에 재조합하고 세포분열을 통해 인슐린생산을 유도할 수 있다.

세포융합(cell fusion)은 서로 다른 2개의 세포를 인위적으로 합하여 두 세포의 특징을 모두 갖는 세포를 제조하는 것이다. 유전자 재조합은 2개의 세포가 갖는 모든 형질을 다 가지지 못하지만 세포융합은 이를 극복한다. 이는 세포융합을 촉진하는 물질로서 폴리에틸렌글라이콜(polyethyleneglycol, PEG)을 이용하여 가능해졌다. 이 세포융합기술의 응용이 바로 토마토감자이다. 땅 위에는 토마토가 열리고 땅속에는 감자가 생기게 하는 새로운 작물의 합성이다. 그리고 핵치환(nuclear transplantation)기술은 복제 양 돌리의 경우와 같이 최근 논란이 되고 있는 복제동물(clone animal)의 발생에 적용하는 방법이다. 체세포와 생식세포 간에 핵을 교환하여 동일한 형질을 가진 다수의 생명체를 생산하는 기술이다.

현재 생명공학의 기술은 우수품종의 대량번식을 통한 식량증산, 백신의 개발과 대량생산, 유전자 재조합을 이용한 난치병 치료 등에 이용되고 있다. 그러나 생명공학의 미래는 유전자조작을 통한 성별조작, 복제인간시도, 형질전환동물생산 등의 위험성이 잠재해 있다.

또한 분자생물학에서 현재 가장 연구가 활발한 인간게놈계획은 사람의 모든 유전자를 해석하여 그 지도를 구성하는 것이다. 이것은 인간이 인간형질의 변화를 시도할 수 있는 가능성을 내포하고 있어서 더욱 위험스럽다. 불치병 해결 등의 명분을 앞세우고 있으나 우려하는 것은 의도적인 몇몇 비이성적인 사람이 이용할 수도 있고, 윤리적인 가치관이 변화할 경우 통제할 수 없는 혼란과 멸망이 언제나 가능하기 때문이다.

또한 생명공학이 새로운 형질의 유전자를 가진 인위적 생물종을 개발하고 양산함으로써 이들 변종 생명체들에 의한 자연적 생태계의 교란이 광범위하게 나타날 수 있다.

생명공학의 첨단기술들이 향후 어떤 방향으로 윤리적 관점이나 생태학적인 영향과 조화를 이루며 발전할 것인지 아직은 분명하지 않으나, 인간이 자연의 한 부분이라는 인식의 토대 위에서 진행되어야 함이 필요하다.

6.6.1 유전자변형 농산물

유전자변형 농산물(genetically modified organism, GMO)은 일반적으로 생명공학 기술을 이용하여 기존의 육종방법으로는 나타낼 수 없는 형질의 유전자를 가지도록 개발된 농산물을 말한다. 우량 품종의 농산물을 만든다는 목적은 동일하나 유사종간의 교잡(cross breeding)에 의해 많은 시간을 필요로 하는 기존의 육종개량법과는 달리 특정 유전자를 직접 삽입함으로써 짧은 시간에 원하는 특성의 품종을 얻는 유전자재조합 기술을 이용한다.

유전자재조합은 동식물의 경계를 넘어서 한 생명체의 유전자 중 유용한 유전자를 취하여 다른 생명체에 직접 주입함으로써, 새로운 품성을 가진 생명체를 제조하는 방법이다. 흔히 유전자조작(gene manipulated) 또는 유전자이전(transgenic)이라고 표현되기도 하며, 다수확이 가능하면서 농약사용상의 문제점을 극복한 새로운 종자의 개발 등이 좋은 본보기이다. 국내에서는 이 기술에 의해 생산된 농산물인 GMO를 농림수산부의 경우 유전자변형농산물로, 식품의약품안전청의 경우 유전자재조합식품으로 명명하고 '식량증산, 영양성분의 개선, 저장성 향상 및 병충해 내성 향상을 위해 생물공학기법으로 처리한 생물체로부터 유래한 식품'으로 정의한다.

GMO는 주요 작물의 경우 이미 대부분 개발되어 있으며 재배 면적도 급속한 증가 추세에 있다. 대표적인 상품 중의 한 종류가 미국 몬산토 회사가 개발한 '라운드업레디콩(roundup ready bean)'이다. 농림수산식품부 자료에 따르면 1997년 국내에 수입된 콩의 약 25% 가 GMO이었고, 그중 대부분이 이 '라운드업레디콩'으로 추정한다.

GMO는 몇 가지 관점에서 장점과 문제점을 동시에 가지고 있다. 그 첫째는 경제적 수익성이다. GMO는 종자를 생산하는 기업과 이를 재배하는 농민에게 모두 경제적 이익을 제공한다고 한다. GMO 생산기업은 향상된 수확량을 반영한 비싼 기술료로 종자를 판매하고, 터미네이터 유전자를 이용하여 동일한 종자를 매년 농민으로 하여금 구입하게 할 수 있다. 또한 GMO 재배 농민은 종자구입에 큰 비용이 지불되어도 농약 사용량 감소와 수확량 증대 및 상품성 향상 등을 통해 더 큰 경제적 이익을 가질 수 있다. 그러나 문제점은 현재의 이러한 유익이 미래의 경제적 손실로 나타날 수 있다는 점이다. 경쟁력을 상실한 재래 종자의 쇠퇴는 결국 재배 농민들로 하여금 GMO 생산기업의 지배하에 파종과 재배 및 판매를 의존하게 되어 독점 기업의 횡포를 겪을 수 있다. 둘째는 세계적 식량문제의 해결이다. GMO 생산 다국적 기업들은 GMO가 수확량 증대와 영양가치의 향상을 통해 세계적 식량부족을 해결할 수 있다고 주장한다. 그러나 개발도상국의 영세한 농민들에게 지리적 특수성을 무시한 채 대규모 영농에 적합하도록 개발된 GMO 종자를 공급함으로써 영농기반을 붕괴시키고 결국 농업 생산량의 감소를 초래할 수 있다. 또한 농업 경쟁력을 상실한 국가에 대한 식량자원의 무기화는 국가간 갈등과 분쟁을 야기하여 저개발국가들의 저소득·저칼로리의 근본적 식량문제를 오히려 악화시킬 수 있다. 셋째는 환경의 보호이다. GMO는 특정 농약이나 병충해에 대한 내성을 향상시키므로 농약 사용량을 줄여 환경을 보전하는데 기여한다고 한다. 그러나 이 점 또한 잠재된 위험성을 내포하고 있다. '라운드업레디콩'에는 박테리아와 바이러스, 그리고 페튜니아 꽃의 유전자가 주입되어 있다. 이런 이질 유전자를 가진 콩을 장기간 식품으로 섭취했을 때 예상되는 독성이나 면역체계의 변화 등에 대해 아직은 안전성이 검증된 바 없다. 이와 같이 GMO의 확산은 식품환경의 안전성에 불확실성을 증가시킨다.

이 밖의 단점으로 생태계의 교란을 들 수 있다. GMO의 대규모 사용은 생물의 다양성을 파괴하고 자연생태계를 교란할 수 있다. '라운드업레디콩'의 명칭은 강한 제초제 성분인 글리포세이트가 들어 있는 라운드업(roundup) 제초제에 견딜 수 있는 콩이라는 의미를 지니고 있다. 이같이 제초제나 살충제에도 죽지 않고 강력한 농약 내성 유전자를 가진 GMO 종자가 자연적 교잡에 의해 어떤 농약에도 죽지 않는 슈퍼잡초를 생산할 수 있으며, 제한 없이 사용되는 농약들로 인해 환경오염을 더욱 심화시킬 수 있다. 또한 자연생태계에서 생태학적 지위가 동일한 종들은 경쟁을 통해 공존할 수 없다는 '가우제의 법칙'의 관점에서 보면 GMO는 이 경쟁적 배제원칙에 의해 독보적 생물종으로 자연생태계에 남게 될 가능성이 크다는 문제점이 있다.

GMO에 대한 국가별 이해에는 차이가 있다. 대부분의 GMO 생산기업을 가진 선진국의 경우 "식품 내 유전자의 변화가 인체에 부적합하다는 어떠한 증거도 없다"라는 2000년 미국국립과학원 GMO 검토위원회의 보고와 유사한 입장을 취하고 있다. 그러나 유럽연합(EU)은 GMO의 안전성에 대한 불확실성으로 인해 어떤 결론도 아직은 내리지 않고 있으며, 회원국 사이에도 재배와 유통에 관해 많은 차이를 보이고 있다. 영국과 프랑스는 GMO의 재배와 식품으로서의 유통을 승인하고 있으나 오스트리아는 수입을 금지하고 있고, 스위스는 구분된 상표 부착을 의무화하고 GMO의 연구까지 금하고 있다. 세계보건기구(WHO), 경제협력개발기구(OECD) 및 국제식량농업기구(FAO)는 GMO가 전통적 농산물과 동일하다는 점이 입증된 후 판매를 허용해야 한다는 원칙만을 표명하고 있으며, 국제식품규격위원회(International Codex Alimentarius Commission)에서는 GMO를 유기농산물로 인정치 않고 있다.

국내에서는 GMO가 식품으로서 안전성을 확보한 후 유통될 수 있도록 관련 규정과 제도를 준비중에 있으며, 1998년 11월부터 '유전자변형 농산물 표시제'가 먼저 도입되었다. GMO에 관한 국내의 연구는 농업진흥청을 중심으로 초기 수준이 진행되고 있으나 국내 대규모 종자 회사들이 외국 기업에 합병됨으로써 상업적 개발은 이루어지지 않고 있다.

6.7 방사능 오염

6.7.1 방사능 물질의 이용과 피해

2.4절에서 서술한 바와 같이 인간은 현재 에너지 사용량의 많은 부분을 핵발전에 의존하고 있다. 핵분열 현상을 이용한 이 과정에서 발생하는 여러 형태의 방사능 오염은 비정상적인 가동에 의한 것이 아니더라도 심각한 환경적 오염을 누적시킨다. 특히 핵발전소의 폐기물들은 그 위험성과 함께 주민들로 하여금 님비(not in my back yard, NIMBY)현상까지 야기하여 심각한 사회문제로 대두되기도 한다.

경수로에서 핵연료로 사용된 ^{235}U의 75 %가 핵분열되면 사용 후 연료봉으로 폐기되는데, 이것을 핵폐기물이라 한다. 이 고준위 핵폐기물은 인체에 치명적인 감마선의 강도가 여전히 강하고 중성자 발생량과 발열량이 커서 보관이 쉽지 않다. 핵폐기물을 금속용기에 넣어 지하 암염지대나 심층부에 저장하는 지하매장법이 일반적인 핵폐기물 보관방법이긴 하나 지진 등에 따른 지층활동과 지하수면의 변화 등이 긴 보존기간 동안 위험요소로 작용할 수 있다는 가능성이 문제점이다.

또한 우주로부터 지구 대기권으로 유입되는 고에너지 복사선이나 지각 내 존재하는 천연 방사능 물질은 라돈기체처럼 보이지 않는 위험요소로 우리 주위에 상존해 있다. 그리고 인간의 인위적인 활동, 즉 진단 및 치료 목적의 핵 의료장비의 운용, 과학기기 및 공학적 장비의 이용, 식품이나 농산물의 멸균처리 등에 사용되는 다양한 종류의 방사성 동위원소(radioactive isotope)들에 의한 위험성은 일상적인 생활 속에 이미 한 부분을 차지하고 있다.

방사능 물질로부터 방출된 방사선들은 α, β, γ 등의 여러 종류가 있으나, 일반적으로 조사된 물질 내 분자나 원자에 에너지를 공급

〈표 6.11〉 의료 목적에 이용되는 대표적 방사성 동위원소

구 분	원소명	용 도
진단용	cobalt-48	비타민 B_{12} 의 흡수량 측정
(tracer)	chromium-51	적혈구 수명 측정
	iron-59	적혈구 형성 속도 측정
	strontium-85	골격 스캐닝
	gold-198	간 스캐닝
치료용	cesium-137	외부 조사형 종양 치료
(cell killing)	iridium-192	체내 삽입형 종양 치료
	phosphorus-32	피부암 치료
	strontium-90	안과 질환 치료
	yttrium-90	뇌하수체암 치료

〈표 6.12〉 신체 조직에 축적되는 방사성 동위원소

신체부위	동위원소종
뼈	radium-226
	strontium-90
	phosphorus-32
	carbon-14
근육	potassium-40
	cesium-137
폐	radon-222
	uranium-233
	krypton-85
간	cobalt-60
갑상선	iodine-131

하여 이를 이온화하거나 여기시킨다. 그러나 때로는 강한 에너지를 가진 방사선이 화학결합을 깨뜨려 분자를 변형시키기도 하고 생물체 내의 조직을 파괴하기도 한다. 특히 유전정보를 저장하고 있는 DNA

분자가 방사선에 노출되면 손상을 받아 변형구조를 가진 돌연변이종의 발생과 발암의 원인이 되기도 한다. 강한 방사선에 노출되었던 원폭 피해자들에게서 백혈병과 각종 암이 발생되었을 뿐 아니라, 생식세포의 변형에 따른 다양한 형태의 기형아가 태어났음은 방사능 오염의 대표적인 사례이다. 방사선에 노출되는 위험 외에도 방사능 물질이 체내로 유입되어 축적되는 경우도 있다.

한 개인이 일상생활 속에서 받을 수 있는 방사능 피해는 그 원인을 두 가지로 나눌 수 있다. 첫째는 자연 방사선에 의한 것으로서 인간이 받는 피해의 약 81 %를 차지한다. 이것은 주로 우주 방사선(cosmic ray)과 지각 내 또는 대기 중 방사능 물질에 의한 피해이다. 우주 방사선은 우주로부터 지구로 유입되는 고에너지의 입자들로서 인간에게 끼치는 피해의 약 8 %를 차지한다. 지각 내 방사능 물질은 암석과 지하수에 함유된 U-238, U-235, Th-232와 이 원소들의 자연붕괴 과정에서 발생되는 원소들로서 인간에 끼치는 영향은 8 % 정도이다. 그러나 대기 중 방사능 물질은 대표적인 원소가 radon- 222로서 붕괴 중간 생성물인 polonium-210을 포함하여 그 영향은 54 %에 이른다. 이 밖의 자연 방사선에 의한 영향은 식품이나 물에 의한 방사능인데 약 11 %로 추정한다. 둘째는 인간에 끼치는 피해의 19 %를 차지하는 것으로서 인간활동에 기인한 것을 들 수 있다. 이것은 주로 방사능 물질을 이용한 의료 행위 및 핵실험과 관련되어 있다. 진단과 치료 목적의 의료활동으로부터 받는 방사선 피해는 약 14 %로 추정되며 핵실험에 의한 피해는 2 % 정도이다. 이 밖에 핵발전소 사고와 핵물질의 분실, 항공여행과 관련한 우주 방사선에 대한 노출량 증가 등이 약 3 %를 차지한다.

6.7.2 방사능 단위

방사능 단위(radiation unit)는 기본적으로 외부 방사선량을 나타내는 뢴트겐(Roentgen), 흡수 방사선량을 나타내는 래드(Rad), 흡수등가치

(dose equivalent)를 나타내는 렘(Rem)의 세 종류가 있다. Roentgen(R)은 노출된 방사선의 양을 나타내며 SI 단위는 Coulomb/kilogram, C/kg이다.

$$1\ \mathrm{R} = 2.58 \times 10^{-4}\ \mathrm{C/kg}$$

Rad(radiation absorbed dose)는 방사선에 노출된 물체가 흡수한 에너지량을 나타내며, 단위 무게에 대한 에너지 크기로 표현한다. SI 단위는 Gray(Gy)이며 Joule/kg을 의미한다.

$$1\ \mathrm{Rad} = 100\ \mathrm{ergs/gram}$$
$$1\ \mathrm{Gy} = 1\ \mathrm{J/kg} = 100\ \mathrm{Rads}$$

Roentgen이 외부적인 방사선량을 나타내지만 측정상의 용이함으로 인해 생물체 내 흡수된 방사선량의 크기를 간접적으로 나타내는데 이용되기도 한다.

$$1\ \mathrm{Roentgen} = 93\ \mathrm{ergs/gram}$$
$$1\ \mathrm{Rad} = 1.08\ \mathrm{Roentgens}$$

Rem(Roentgen equivalent man)은 방사선의 안전한 사용을 위해 방사선의 종류에 따른 신체 흡수특성치를 고려한 단위이다. 따라서 이를 흡수등가단위(unit of dose equivalent)라고 하며 방사선의 종류

〈표 6.13〉 방사선의 종류에 따른 QF값

방사선	QF
X선, β선, γ선	1
열중성자(thermal neutron)	5
중성자, 양성자, α입자	20

〈표 6.14〉 인체에 끼치는 방사선 영향

Rem	피해증상
<25	특별한 증상 없음
25～100	백혈구수 감소, 면역기능 약화
100～200	구토, 탈모, 혈구감소
200～300	출혈, 궤양, 사망가능성
300～500	수주 내 50 % 사망
>700	100 % 사망

에 따른 특성인자 QF(quality factor 또는 radiation weighting factor)를 Rad에 곱한 값으로 나타낸다.

따라서 Rem이 각기 다른 방사선의 생물학적 영향을 반영하고 있어서 인체에 끼치는 방사선의 위험성은 일반적으로 Rem의 크기로 규정한다.

흡수등가치의 관습 단위는 Rem이지만 SI 단위는 Sievert(Sv)이고 Joule/kg을 의미한다.

$$1\ \mathrm{Sv} = 1\ \mathrm{J/kg} = 100\ \mathrm{Rem}$$

이 밖에도 방사능(radiation activity)의 크기를 나타내는 관습 단위로서 Curie(Ci)가 있으며 SI 단위는 Bacquerel(Bq)이다.

$$1\ \mathrm{Bq} = 1\ \mathrm{dps}\ (\text{disintegration per second})$$

$$1\ \mathrm{Ci} = 3.7 \times 10^{10}\ \mathrm{dps} = 3.7 \times 10^{10}\ \mathrm{Bq}$$

$$1\ \mathrm{Ci} = 2.22 \times 10^{6}\ \mathrm{dpm}\ (\text{disintegration per minute})$$

$$1\ \mathrm{nCi}\ (\text{nanocurie}) = 37\ \mathrm{Bq}$$

6.7.3 방사능 측정

(1) 신체 노출 측정장치

노출된 신체에 도달한 방사능을 측정하는 기구는 상업적으로 세 가지가 있다.

① 필름배지(film badge)

X선, γ선, 하전입자에 대해 가장 많이 이용된다. 내부에 브롬화은(silverbromide) 입자가 발려진 광반응 필름이 들어 있어서 방사선이 통과할 때에 감광되는 명암의 크기로 방사선량을 측정하는 장치이다. 필름지지대에는 구리, 납, 카드뮴, 플라스틱 등 여러 종류의 물질을 포함하는 여과 창이 있어 투과하는 방사선의 종류와 세기에 맞도록 감광 영역을 조절할 수 있다.

② 열발광 선량계(thermoluminescent dosimeter, TLD)

β선, X선, γ선의 검출에 이용되며 방사선으로부터 에너지를 흡수하면 여기되거나 이온화하여 열발광 성질을 가진 LiF 또는 CaF_2 분자를 통해 방사선량을 측정하는 장치이다. 발광의 강도는 흡수한 방사선량에 비례하므로 방사선을 받았을 때 즉각적으로 방출하는 빛을 증폭하여 외부적으로 그 크기를 읽을 수 있도록 한 것이다.

③ 포켓 선량계(pocket dosimeter)

미리 전하를 띠게 한 석영 섬유가 내부에 들어 있어 방사선을 받았을 때 전하를 잃고 굴절하는 성질을 이용한 장치이다. 실린더 형태의 펜처럼 생긴 휴대용 측정기로서 석영 섬유의 굴절도를 직접 눈금으로 읽을 수 있는 것과 전하측정계를 통해 판독하는 두 가지 형태가 있다.

(2) 외부 방사능 측정장치

① 이온화 검출기(ionization chamber)

이것은 내부에 공기가 들어 있는 방이 있어 방사선이 조사될 경우 방 내부에서 생성된 이온쌍들에 의해 형성되는 전기적인 흐름을 감지하는 구조로 되어 있다. 시간당 노출 방사선량을 측정하여 mR/hr 또는 R/hr의 단위로 나타낸다.

② 가이거 계수기(geiger counter)

흔히 Geiger-Muller(G-M) 계수기로 불리는 휴대용 방사능 측정 장치로서 가장 널리 이용되고 있다. 방사선을 받았을 때 이온화되는 정도를 통해 그 크기를 측정하는 원리는 이온화 검출기와 동일하나 일반 기체가 아닌 98 %의 헬륨과 1.3 %의 뷰테인(butane)을 포함하고 있는 일명 Q-gas의 혼합물로 이온실이 채워져 있음이 특징적이다. 이 장치는 일반적으로 방사능 물질의 존재 유무에 한정되어 검출이 가능하며 방사선의 종류와 세기는 식별할 수 없다는 사용상의 제한성을 가지고 있다.

그러나 이온화 검출기에 비해 낮은 수준의 방사능 오염에도 상대적으로 민감할 뿐만 아니라 여러 종류의 방사선과 하전 입자들에 대해 폭넓게 감응하는 장점이 있다.

CHAPTER

7

환경관리

7.1 환경의식과 환경정책

1960년 초부터 시작된 경제개발은 경제적 수준향상이 국가적 우선 과제였다. 그 결과 비약적 경제성장을 이룩했지만 개발과 공업화의 뒷면에는 간과된 여러 문제가 자리 잡게 되었다. 그중의 한 가지는 환경문제이다. 1980년대에 들어서부터 국가적 관련정책과 제도적 규범들이 정비되기 시작했지만 환경에 관한 의식결여로 실효를 거두지 못하였다. 1990년대에 더욱 거세게 불기 시작한 환경보호에 관한 국제적 움직임으로 인해 국내에서도 국가적 대응의 필요성을 자각하기 시작했고, 환경교육의 실시와 함께 실질적 여러 법령이 개정되고 준비되었다.

그러나 미루어 두었던 산적한 문제를 한꺼번에 시행하는 것은 경제적 어려움과 함께 정책담당자와 국민 개인의 환경의식이 뒷받침되지 못하는 문제가 있었다. 또한 국민경제의 50 % 이상을 무역에 의존하고 있는 우리나라는 국내적으로 대기오염과 수질오염 등에만 관심을 가질 수가 없다. 그린라운드(green round)라고 불리는 환경문제 연계 무역거래는 환경문제가 선택사항이 아님을 보여주었다. 아울러 범세계적 환경보존운동은 지구 전체 환경문제에 대한 동참을 강하게 요구하고 있으며, 국제화의 기초가 환경문제와 직결하게 되었다. 지구온난화, 오존층고갈, 산성강화물의 원거리 이동 등 국가간의 협력과 공동대응의 필요성은 환경정책상의 낙후성을 탈피하고, 국제 수준의 환경의식을 갖추기 위한 기본토양을 마련하는 계기가 되었다. 1992년 리우환경회의 이후 20세기 종반의 지구에 던져진 공동의 패러다임은 'ESSD(Environmentally Sound and Sustainable Development)'이다. '환경적으로 건전하고 지속가능한 개발'은 상당히 주관적 모호성을 가지고 있다. 그러나 이것은 환경정책의 가장 핵심이다. 이 개념을 처음으로 제정한 환경 및 개발에 관한 세계위원회(World Commission on Environment and Development, WCED)의 브란트랜드 보고서(Brundtland Report)는 지속가능한 개발을 '미래 세대가 그들의 필요를 충족시킬 능력을 저해하지 않는 범위의 현 세대의 필요충족'으로 부언하고 있다. 이와 관련한 국내 환경정책의 기본방향은 최근 수립한 「신경제 5개년 계획」의 환경부문에 반영되었다.

여기에는 환경오염 유발요인의 근본적 제거, 청정기술 개발과 환경산업의 육성, 하수처리시설 등의 환경기초시설의 확충과 민간투자 촉진, 공공투자재원확충과 환경개선특별회계신설, 실효성 있는 평가와 규제강화, 국제동향 대처능력향상 등이 구체적으로 명시되어 있다. 한 예로서 환경영향평가(environment impact assessment, EIA)를 들 수 있는데, 우리나라의 경우 환경영향평가법이 1993년에 제정되어 1997년에 개정된 후 지금까지 시행되고 있다. 환경영향평가법은 개발사업의 계획을 수립함에 있어서, 그 결과 환경에 미칠 영향을 미리 예측함으로써 사전에 환경오염의 가능성을 배제하기 위한 법적 수단이다. 그러나 바람직한 정책방향과 잘 정비된 관계 법령이 환경을 보호하지는 못한다. 집행자인 사람이 어떻게 이것을 지키고 실천하는가에 달려 있다. 제반 환경문제를 바라보는 시각이 환경의식이다. 환경의식은 자연환경에 대한 개인의 책임감과 바른 인식에 기초를 둔다. 환경보존은 현 시대의 우리에게 기회가 주어져 있다. 얼마 남지 않은 21세기는 산업화시대가 아니라 환경친화시대이다.

7.2 환경회의와 국제협력

한정된 자원과 폭발적 인구증가는 환경보존에 관한 국제적 공감대를 형성하여 제1차 세계환경회의(스톡홀름 회의)가 1972년 스웨덴의 스톡홀름에서 개최되었다. 그 이후 세부문제를 논의하기 위한 관련 기구들이 설립되어 국가간 협력의 구심점의 역할을 하고 있다. 최초로 창설된 환경기구는 유엔환경계획(UN Environmental Program, UNEP)이다. UNEP는 기술개발력의 우위를 이용한 선진국의 규제강화와 자원무기를 이용한 개발도상국의 집단세력화로 인해 운영상의 많은 문제점을 노출했으나 현재까지 그 역할을 유지하고 있다. UNEP 이외의 환경협력기구는 기존의 세계보건기구(WHO), 지구환경기금(Global Environmental Facility, GEF), 세계기상기구(World Meteorologic Organization, WMO), 국제해사기구(International Marine Organization, IMO), 경제협력개발기구(OECD) 등이 있다. GEF는 UNEP의 산하기구이고, 개발도상국의 기후변화와 생물다양성 보존에 관한 재정적 지원업무를 수행한다. 1948년에 유엔의 산하기구로 창립된 WHO는 건강과 질병퇴치를 관장하지만 환경보전의 표준치 설정 등의 관련업무를 수행하고 있다. UN에는 그 밖에도 환경문제를 다루는 기관으로서 유엔개발계획(UN Development Program, UNDP), 인구문제와 관련된 환경문제를 취급하는 유엔인구기금(UNFPA) 등이 있다.

IMO는 해양오염에 관한 규제와 국가간 협력업무를 담당하고, WHO는 기상정보교류와 기상환경에 관한 업무를 수행한다. 기구의 설립목적이 환경문제에만 국한되어 있지 않으나 OECD와 APEC 등도 회원국의 환경정책수립에 관여한다. 또한 지구환경문제를 취급하는 국제적 시민단체들이 있다. 이 단체들은 환경문제를 각국의 이해관계와 결부시키지 않고 국제문제화할 수 있기 때문에 고유한 역할이 있다. 여기에는 스위스의 세계자연보호(WWF), 뉴욕의 환경방위기금(EDF), 런던의 국제환경개발연구소(IIED), 그리고 밴쿠버에 본부를 둔 그린피스(Greenpeace)가 있다. 이런 국제사회 전문기구들의 활동으로 결정된 국제협약과 대표적 국제회의는 다음과 같다.

(1) 오존층 보호를 위한 협약

오존층 보호를 위한 국제협약은 비엔나협약(Vienna Convention), 몬트리올 의정서(Montreal Protocol), 런던회의(London Revision to the Montreal Protocol)가 있다. 1985년에 채택된 비엔나협약은 선언적 의미만 가질 뿐 구속력 있는 규정이 없었다. 비엔나협약의 구체적 규정사항을 정하기 위한 세 번째 모임이 몬트리올에서 개최되었고, CFC의 단계적 감축시한과 감축량이 의결되었다. 이 구속력 있는 결과를 몬트리올 의정서라고 한다.

주된 내용은 러시아와 개발도상국가를 제외한 선진국의 경우 CFC 의정서를 발표한 후 1년 이내 1986년 기준의 20 %를 감축하고, 1996년까지 50 % 이내로 감축하며 비가입국가로부터 구입도 금지시켰다. 런던회의는 개정된 몬트리올 의정서의 인준을 위한 모임이었으며 CFC의 감축시기를 앞당기는 내용이었다. CFC를 1995년까지 50 % 감축하고 1997년까지 85 % 감축하며 2000년까지 완전히 생산금지하고, 할론도 2000년까지 완전히 사용하지 않기로 결정했다. 이 후에도 부분적으로 규제사항이 보완된 코펜하겐개정서를 채택하여 1994년부터 효력이 발효되었고 우리나라도 1994년 12월에 가입하였다.

(2) 기후변화협약

1987년 WHO와 UNEP 주관하에 결성된 기후변화패널(Intergovernmental Panel on Climate Change, IPCC)이 작성한 보고서를 토대로 1992년 브라질의 리우에서 개최된 UNEP회의에서 기후협약이 체결되었다. 구체적 규제사항은 포함되지 않았지만 온실가스에 대한 발생량 조사와 저감방안에 대한 국가적 정책공포의 의무, 온실가스 통계자료의 정기적인 제출 등이 명시되어 있다. 1997년 12월에 일본 교토에서 개최된 기후협약에서도 온실가스감축방안이 논의되었고, 2010년까지 계획된 온실가스감축에 대해 개발도상국가의 참여여부로 논쟁이 있었다. 우리나라도 1993년 12월에 가입했고 의무사항이 1994년 3월부터 발효되었다.

(3) 생물다양성 협약

1992년 리우회의에서 150개국이 서명함으로써 채택된 생물다양성에 관한 협약(Convention on Biological Diversity, CBD)은 1993년 3월부터 발효되었으며, 우리나라는 1994년 10월에 가입하여 1995년 1월 1일부터 그 효력이 발생하였다. 협약의 목적은 생물다양성의 보전과 그 구성요소를 지속가능하게 이용하기 위함이며 아울러 유전자원의 이용으로부터 발생되는 이익을 공정하게 공유하는 데 있다. 이를 위해 생물다양성의 보전을 위한 확인 및 감시, 영향평가 및 일반적 조치를 협약에 명시하고 있으며 유전자원에의 접근과 기술이전 및 그 이익의 배분에 대한 내용도 들어 있다. 국가별 이행사항으로는 협약 목적 달성을 위한 국가적 계획과 프로그램의 개발을 요구하고 있다. 또한 구체적인 실천으로서 열대림의 개발제한, 자국 내 생물자원에 대한 주권인정 등이 포함되어 있다. 그러나 개발과 자원보호를 위한 개발도상국의 입장이 유전공학의 기술적 우위를 유지한 채 열대림 존속을 주장하는 선진국과 첨예한 갈등을 나타내기도 했다.

(4) 바젤협약

1989년 3월 스위스 바젤에서 열린 회의에서 유해폐기물의 국가간 이동을 규제하는 협약이 체결되었다. 이것이 '유해폐기물의 국가간 이동과 폐기의 규제에 관한 바젤협약'(The Basel Convention on the control of transboundary movements of hazardous and the disposal)이다. 주된 내용은 필연적으로 발생한 유해폐기물은 발생지점 인근에서 처리해야 하며 대상국가의 처리능력이 보장되어 있지 않을 경우 유해폐기물을 수출할 수 없다는 것이다. 우리나라도 1994년 2월에 가입하여 그 효력이 1994년 5월부터 발효되었다.

(5) 산성비 관련 협약

산성비의 피해에 관한 국제협약은 헬싱키의정서와 소피아의정서가 있다. 1983년에 체결된 대기오염물질 장거리 이동에 관한 협약

(Convention on long-range transboundary air pollutant)은 대서양 연안국가를 중심으로 가입되어 있었다. 그 후 1985년 핀란드의 헬싱키에서 대기오염물질 장거리 이동에 관한 협약을 보완하고 세부사항을 확정지었는데 황산화물의 배출량을 1980년도 기준하여 30 % 감축하기로 결정하였다. 또한 1989년에 불가리아의 수도 소피아에서 산성비 감소를 위해 질소산화물 감축을 의결했는데, 이것을 소피아의정서라고 한다.

(6) 습지에 관한 협약

습지보전을 위해 1971년 2월 이란의 람사에서 채택된 이 협약은 도시 이름을 따라 통상 람사협약(Ramsar Convention)으로 불리나 원래 명칭은 '물새의 서식지로서 국제적으로 중요한 습지에 관한 협약(Convention on Wetland of International Importance Especially as Waterfowl Habitat)'이다. 이 협약은 명칭에서와 같이 물새 보호를 위한 서식지로서의 습지보전에 관한 것이지만 실제로는 그 범위를 확대하여 각 나라가 생태학적으로 습지의 중요성을 인식하고 국제적으로 중요한 습지의 보전을 위해 보호관리하며 현명하게 이용하기를 요구하고 있다. 보호대상 습지의 기준은 여러 가지이나 특정의 생물지리학적 지역 특성을 잘 나타내고 있거나 희귀하고 특이한 유형의 습지, 희귀종이나 멸종위기 동식물종의 서식지, 그 지역의 유전적 생태계 특성을 유지하고 있는 습지, 20,000마리 이상의 물새가 정기적으로 서식하는 습지, 토착 어류 개체군을 부양함으로써 지구차원의 생물다양성에 기여하는 습지 등이 있다.

람사협약에는 현재 120여 국가가 회원국으로 협약에 가입되어 있으며, 각 회원 국가들은 국제적으로 중요한 습지를 1개소 이상 지정하여 관리하여야 한다. 우리나라는 1997년 7월 101번째 회원국이 되었으며, 현재 강원도 인제군의 대암산 용늪과 경상남도 창녕군 우포늪을 습지로 등록하여 보호관리하고 있다.

(7) 멸종위기에 처한 야생 동식물종의 국제거래에 관한 협약

'멸종위기에 처한 야생 동식물종의 국제거래에 관한 협약(Convention on International Trade in Endangered Species of Wild Fauna and Flora, CITES)'은 멸종위기에 있는 야생동물과 식물의 국가간 교역을 제한하여 서식지로부터 남획을 억제하고 이들 생물종을 보호하기 위한 것이다.

1999년 7월 기준 145개국이 협약에 가입되어 있으며 우리나라는 1993년 7월에 가입하여 같은 해 10월부터 그 효력이 발효되었다. 협약의 부속서에는 규제대상 동식물을 세 집단으로 분류하여 거래와 이용에 관한 구체적 의무를 요구하고 있으며 세계자연보전연맹

〈표 7.1〉 CITES 부속서의 동식물 구분

구 분	부속서 I	부속서 II	부속서 III
기 준	멸종위기에 처한 생물들 중 국가간 거래로 영향을 받을 수 있는 종	현재는 멸종위기가 아니나 국가간 거래를 규제하지 않으면 멸종위기에 처할 종	이용제한을 목적으로 자국 내 규제대상 종 국가간 거래시 규제가 필요하므로 협약 당사국간 협력이 필요한 종
규제내용	상업 목적의 국가간 거래금지 연구 목적의 거래시 양국의 수출입허가서 필요	상업 목적의 국가간 거래가능 수출국의 수출허가서 필요	상업 목적의 국가간 거래가능 수출국의 수출허가서 및 원산지증명서 필요
대표적 생물종	고릴라, 코끼리, 코뿔소, 호랑이 등 557종	북극곰, 카멜레온, 하마 등 262종	바다코끼리, 북방살모사 등 241종
국내 관련 생물종	포유류 5종(반달곰, 산양, 수달, 표범, 호랑이) 조류 12종(따오기, 두루미, 매, 크낙새, 황새 등)	포유류 6종(늑대, 불곰, 사향노루, 삵, 승냥이, 시라소니) 조류 41종(검독수리, 새매, 소쩍새, 올빼미 등) 식물 1과(난과 전종)	

(International Union for Conservation of Nature, IUCN)과 세계자연기금(World Wild Fund for Nature, WWF)이 공동으로 그 이행에 관한 사항을 감시하고 있다.

야생동물을 보호하기 위한 또 다른 국제적 협약은 철새의 보호를 위한 국제적 협력으로서 1979년 독일 본에서 28개국이 비준함으로써 1983년 11월부터 효력이 시작된 '이주성 야생 동식물종의 보전에 관한 협약(The Convention on Conservation of Migratory Species of Wild Animal, Bonn Convention)'이다. 일반적으로 Bonn 협약으로 불리는 이 협약은 효과적인 목적 달성을 위해 생물다양성 협약이나 람사협약과 협력하고 있으며 CITES 부속서 Ⅰ, Ⅱ에 수록된 이동성 야생종들에 대해 회원국의 엄정한 보호와 국가간 협력을 명시하고 있다. 1999년 8월 기준 유럽과 아프리카지역 중심의 62개국이 협약의 회원국으로 가입되어 있으나 미국, 일본 등과 함께 우리나라는 아직 미가입국으로 남아 있다.

이 외에도 환경보전을 위한 국제적 협력으로서 육상 발생 폐기물의 해양투기를 제한한 1992년의 '런던덤핑협약'이 있으며 우리나라는 1993년에 가입하였다.

7.3 환경오염 사례

(1) 뮤즈계곡 사건

1930년 12월 1일부터 4일까지 벨기에 공업지대인 뮤즈계곡에서 63명이 사망하고 수백명의 환자가 발생하였다. 원인은 인근 산업체에서 배출된 황산화물과 대기 중 금속분진, 매연 등이 대기역전현상에 의해 계곡 내에 정체된 대기 중에 농축되어 야기되었다. 대기오염물질들의 상승작용으로 추정할 뿐 결정적 사인은 밝혀지지 않았다.

(2) 도노라 사건

1948년 10월 미국 펜실베이니아주 인구 14만명의 작은 마을 도노라에서 20여명이 사망하고 6,000여명이 호흡기 질환을 나타낸 사건이다. 계곡에 위치한 마을에 인접한 공장들에서 배출된 아황산가스가 대기 중 분진과 결합하여 산무를 형성하였고 10월 26일의 기온역전현상으로 인해 대기 중 오염물질의 농도가 평소보다 증가한 것이 원인이었다. 사건발생 전부터 호흡기 질환을 가진 사람들이 심한 피해를 입었다.

(3) 템스강 사건

1949년 템스강의 콜레라균 오염으로 인해 런던시민 14,000여명이 사망했다. 원인은 생활하수로 인한 하천오염이었고, 만조로 인한 수위상승이 하천의 흐름을 막아 하수의 세균번식을 촉진시켰다.

(4) 런던 스모그 사건

평소에도 늘 안개가 낀 런던에 1952년 12월 중 5일간 스모그 현상으로 노인과 어린이를 포함하여 사건 후 3주 동안 4,000여명이 호흡기 질환으로 사망하고, 다음해 2월까지 추가 사망자가 발생하여 총 12,000여명이 사망한 사건이다. 원인은 석탄연소로 발생한 아황산가스가 무풍현상과 기온역전층발달로 정체되어 안개와 함께 스모그를 형성한 것이다. 일부 아황산가스는 대기 중 입자상 물질의 촉매작용으로 황산성분으로 변했고 이로 인해 더욱 피해가 컸다.

(5) 로스앤젤레스 스모그 사건

1940년대부터 발생한 LA 스모그는 1949년 하겐슈미트 박사에 의해 광화학스모그로 반응 메커니즘이 제안되었다. 침강성 역전층의 발달은 LA시의 공기흐름을 방해했고, 교통량의 폭증과 따가운 햇살은 광화학스모그를 촉진시켰다. 1979년 가을에 주민의 83%는 건강불안을 호소했고, 농작물의 피해와 고무의 노화현상이 나타났다. LA 스모그는 전형적인 광화학스모그이고, 호흡기 질환을 유발한다.

(6) 레만호 사건

1950년대 말 스위스와 프랑스에 인접한 레만호에 합성세제가 대량으로 유입되어 악취와 함께 생물이 살 수 없는 죽은 호수로 바뀌어 버렸다. 유입된 합성세제는 인산을 함유하고 있었으며 하수처리시설의 미비로 수질악화는 가속되었다. 사건 이후 20년 동안 레만호 주변에 120여개의 폐수처리장이 건설되어 가동되었고, 1970년대 말부터 레만호에 다시 물고기가 살게 되었다.

(7) 청색증 사건

체코슬로바키아에서는 1953년부터 1960년 사이에 태어난 신생아 중 수백명이 푸른색으로 변해가는 청색증을 나타내었다. 원인은 물속의 질산염 때문이며, 질산염이 헤모글로빈과 결합하여 산소운반을 방해한 결과이다. 아이들은 어른보다 체내 질산분해작용이 약하여 식수 중 질산염 과다는 메트헤모글로빈 형성에 의한 청색증을 유발한다. 체코슬로바키아의 경우 신생아 5,800명 중 115명이 이러한 증상을 나타냈고, 그중 8%는 사망하였다. 청색증을 일명 Bluebaby 병이라고도 한다.

(8) 탈리도마이드 사건

1957년 10월 독일의 제약회사인 Chemi Grunenthal사에 의해 개발된 탈리도마이드(thalidomide)는 콘데르간(contergan)이라는 상품명으로 판매된 신경안정제였다. 동물을 대상으로 한 일반적인 독성시험에서도 부작용을 나타내지 않아 의사의 처방전이 없이도 일반인들이 약국에서 마음대로 구매하였다. 의사들은 입덧이 심한 임산부들에게 이를 완화시키기 위해 처방해 주었고, 일반 가정에서는 가정상비약으로 비치될 정도였다. 특히 부모가 외출시 어린아이들을 잠재우는 데 이용하는 경우가 많아 일명 Cinema Juice라고도 했다. 항생제 개발과정에서 진정작용이 발견된 탈리도마이드는 허술한 동물 안전시험을 거쳐 유럽지역과 일본으로 대량 판매되었다. 그러나 미국의 경우 안전시험 결과 자료의 미비를 이유로 수입과 판매가 허용되지 않았다. 수요가 폭발하던 1958년과 1959년 스위스와 영국 등 유럽지역 의사들로부터 말초신경염 등의 신경손상이 보고되었으나 묵살되었고 같은 시기에 갑자기 증가한 기형아 발생률이 문제가 되었다(wedeman syndrome). 대부분의 기형 형태가 손발이 짧아지거나 아예 없고 지느러미 모양을 가진 수족형성장애를 나타내었다. 해표지증 또는 물개아라고 불리는 심한 수족기형의 탈리도마이드 아이는 임신 후 3개월 이내에 이 약을 복용한 임산부로부터 많이 태어났다. 1962년 탈리도마이드는 생산과 판매가 중지되었지만 1,000여명으로 추정되는 일본 내 피해자를 포함하여 전 세계적으로 10,000여명의 탈리도마이드 기형아가 태어났다.

(9) 욧가이치 천식 사건

1962년부터 1964년 사이에 일본 욧가이치시에서 최악의 대기오염이 발생하였다. 총 1,231명이 피해를 입었고 80여명이 사망하였다. 원인은 주변에 들어선 정유공장으로부터 누출된 화학물질로서 아황산가스, 이산화질소, 폼알데하이드 등이었다. 이 지역의 대기 중 아황산가스의 농도는 비오염지역의 8배 이상이었고, 환경기준치를 10배 이상 넘는 수치였다. 이 사건을 계기로 일본 정부는 '공해로 인한 건강피해보상법'을 제정하였다.

(10) 가네미 사건

일본 가네미지방에서는 1968년 3월부터 특별한 피부병이 발생했다. 발적과 색소침착이 나타났고, 말초신경장애와 내분비계장애, 성장지연과 성욕감퇴 등의 다양한 증상이 보고되었다. 최종적으로 29명이 사망하고 1,300여명의 환자가 발생하였다. 그 원인은 PCB였다. 가네미창고 회사에서 튀김용 기름인 미강유를 제조하는 공정에 녹슨 파이프를 통해 열전달물질로 사용된 PCB가 섞여 들어가 발생하였다. 사건 후 PCB의 독성과 자연상태의 축적이 밝혀져 1975년 이후 일본에서는 생산과 사용이 금지되었다. 우리나라에서도 변압기용 기름과 전선피복재로 사용되어 왔으나 1983년 이후 사용하지 않고 있다.

(11) 고엽제 사건

1960년대와 1970년대에 걸친 월남전에 참가했던 퇴역병사 중 전신통증, 수족마비, 기형아출산, 각종 궤양 등 다양한 증상이 나타났고 치료는 불가능하였다. 이것은 고엽제로 사용한 2,4D와 2,3,5-T에 불순물로 들어 있던 다이옥신이 원인이었다. 우리나라의 고엽제 피해자는 400여명이다. 신체적 고통과 함께 정신적 질환까지 시달리고 있으며 자손들의 암발생률도 높게 보고되었다.

(12) 이타이이타이병 사건

일본 도야마현 진쯔강 유역의 주민들은 1910년경부터 허리와 관절에 심하게 통증을 느꼈으며 뼈가 심하게 약해졌다. 기침만 해도 골절이 되었으며 뼈의 위축으로 키가 줄어들었다. 이 지역에 오래 산 사람일수록 증상이 더욱 심했으며 통증으로 인해 이타이이타이(아프다 아프다)라고 신음하며 살았다. 그러나 1968년 일본 정부의 역학조사로 카드뮴 중독이 밝혀졌다. 강 상류에 위치한 아연제련공장에서 배출한 폐광석으로부터의 카드뮴 유출이 원인이었다. 카드뮴이 오염된 물을 식수로 사용하고 농업용수로 이용하므로 체내에 카드뮴이 축적되는 중금속오염현상이 주민들에게 진행되었던 것이다. 1968년 일본 정부가 공해병으로 인정하기까지 이 병으로 죽은 사람은 56명이었고 수백명의 중증환자들이 발생하였다.

(13) 미나마타병 사건

1950년대 초부터 일본 미나마타현 주민들은 언어장애, 수족마비, 정서장애, 비강천공 등 종류를 모두 열거할 수 없을 정도의 다양한 증상을 호소하였다. 결국 18명이 사망하였고 그 원인은 수은중독이었음이 밝혀졌다. 주거지 상류지역에 위치한 화학공장에서 누출된 수은이 수중에서 메틸수은으로 바뀐 후 생물농축되어 어류와 사람에게 심한 수은중독을 발생시켰다. 일본 정부는 1968년에 메틸수은이 원인물질임을 공식 발표하였다.

(14) 미시간 PBB 사건

1973년 미국 미시간주에서는 산불진화로 사용하는 PBB(Polybromide biphenyl) 300 kg이 취급부주의로 사료로 판매된 사고가 있었다. 이 문제의 사료를 먹은 3,000마리의 소, 6만 마리의 돼지, 1,500마리 양, 200만 마리 이상의 닭이 떼죽음을 당했다. 또한 사료 취급시 노출로 인해 농부들은 신경마비를 느꼈고 토양에 매립한 죽은 가축들로 인해 지하수와 인근 하천까지 오염이 확산되었다. 사고 후 계속된 정화작업에도 불구하고 사고지역은 여전히 높은 PBB 농도를 유지하고 있다.

(15) 제임스강 오염 사건

1975년 Life Science라는 살충제 제조공장에서 살충제의 독성으로 종업원의 절반 이상이 두통, 시각장애, 간질환, 불임 등에 시달리게 되었다. 이 공장제품인 키폰이라는 살충제가 원인물질로 밝혀지게 되어 공장폐쇄와 함께 남은 키폰을 하수구에 버렸다. 버려진 키폰이 하수처리장의 미생물을 모두 죽여 하수처리 능력이 상실되었고 인근 제임스강은 키폰 독성으로 하류 100 km 구간이 죽음의 강으로 변했다. 그 이후 제임스강 바닥의 준설토양에 키폰이 남아 있기 때문에 제임스강에서 낚시와 어류판매행위를 금지하였다.

(16) 세베소 사건

1976년 7월 10일 이탈리아의 북부 도시 세베소의 농약회사 ICMESA

사의 trichlorophenol 합성공정에서 반응기 내부의 과도한 압력으로 안전밸브가 열려버렸다. 15분 동안 유출된 유독가스에 다이옥신이 있었다. 다이옥신류 중에서도 가장 독성이 큰 TCDD 2 kg이 유출되었다. 반경 5 km 이내의 11개 마을이 오염되어 수백 마리의 동물이 죽고 사람들의 피해도 나타났다. 세베소 마을은 그 이후 폐쇄되었고 1,800 ha의 토양이 60 cm 깊이로 오염되었음이 확인되었다. 대기 중 농도가 정상치로 회복된 후에도 이 지역은 토양오염으로 인해 접근이 금지되었다.

(17) 러브 커넬 사건

미국의 Love Canal은 19세기 말에 건설되었으나 폐쇄된 후에는 1938년부터 한 화학회사의 유독성 폐기물의 매립지로 사용되었다. 약 2만 톤의 유독물질이 매립된 후 복토를 통해 매립지를 밀봉하였다. 1953년부터 이 지역에 마을이 들어서면서 복토지 위에 학교가 지어졌다. 그 후 이 지역 주민들은 두통과 피부병 등 갖가지 증상에 시달려 왔고 비가 온 후 스며든 지하수의 침출로 인해 그 증상은 더욱 심해졌다. 1970년대 중반까지 계속된 이 현상으로 1978년 미국 역사상 처음으로 재난지역 선포와 함께 주민소거령이 내려졌다. 지하매립지로부터 누출되는 기체 성분 중에는 다이옥신류도 검출되었다.

(18) 아모코카디즈 기름유출 사건

1978년 3월 16일 미국 아모코 석유회사의 유조선 아모코카디즈호가 중동산 원유를 적재하고 항해하던 중 암초와 충돌하여 160만 배럴의 원유를 유출하였다. 이 사고로 200 km의 해안이 원유로 오염되어 굴 수확량은 80 % 감소하였고 해조류는 70 % 사멸되었다. 또한 3,200마리 이상의 해안서식동물이 죽었고 연안 패류도 전멸되었다. 피해액은 정화비용 1억 4천만 달러를 포함하여 총 3억 9천만 달러에 달했다.

(19) 스리마일 사건

1979년 3월 28일 미국 스리마일 섬의 원자력발전소에서 가동중인 원자로의 냉각수 계통의 고장과 보소급수 밸브의 미작동으로 원자로가 융해되는 사고가 발생하였다. 연료봉이 파열되고 방사능 물질이 증기를 통해 누출되었다. 이 사고로 반경 80 km 이내에 거주하던 200만명이 방사능 물질에 노출되었고, 주변 23개 학교가 폐쇄되었다. 사망자는 발생하지 않았으나 20억 달러의 원자로는 단 30초 만에 완전히 파괴되었고, 잔류방사능으로 인해 지역주민의 암발생률이 상대적으로 높다는 보고가 있다.

(20) 타임즈 비치 사건

미국 미주리주 타임즈 비치 주민들은 1971년부터 도로의 먼지비산을 방지하기 위해 기름을 도로표면에 뿌려왔다. 그런데 용역회사가 원가를 절감하기 위해 인근 화학공장의 폐유를 섞어 뿌렸다. 이 폐유 속에는 다이옥신류가 포함되어 있어서 토양과 대기, 그리고 하천에 광범위한 다이옥신 오염이 발생되었다. 도로에 폐유가 섞인 기름을 살포한 다음날 수십 마리의 참새가 죽었고, 한 달 만에 가축이 죽기 시작했으며 사람들은 두통을 호소하였다. 그 후 폐암 발생률이 증가하고 임산부의 유산과 사산이 계속되었다. 1982년 미국 연방정부는 다이옥신이 기름 속에 있음을 밝혀내었다. 그 다음해 모든 주민은 이주하였고 지금도 출입이 금지되고 있다.

(21) 보팔 사건

1984년 12월 3일 인도 보팔시에 현지 농약공장을 가동하던 다국적 기업 유니언 카바이드(Union Cabide)사에서 농약제조 원료인 메틸아이소시안(methylisocynate, MIC)이 저장탱크로부터 누출되었다. 2시간 동안 36톤 정도가 새어 나왔다. 이로 인해 2,800여명의 주민이 사망하였고 20만명 이상의 인도인이 고통을 받았다. 생존자의 대부분도 실명되거나 중추신경계와 면역체계의 장애로 고통을 받았으며, 피해보상을 청구한 사람만 58만 3,000여명이었다. MIC는 2차 대전시 유태인 학살에 사용된 포스젠보다 독성이 5배 강한 화합물이다.

(22) 체르노빌 사건

1986년 4월 25일 구소련의 체르노빌 원자력 발전소의 원자로가 융해되어 다량의 방사능 물질이 부서진 발전소 지붕을 통해 누출되었다. 단기간에 사망자만 31명이고, 방사능 오염으로 4년 후에는 300여명으로 사망자가 늘어났다. 수백명이 방사능에 노출되었으며 자연생태계도 심하게 오염되어 반경 30 km 이내 거주자 135,000여명이 이주하였다. 직접 피해액만 150억 달러 정도였고 인근 농경지는 영구적으로 폐쇄되었다. 방사능 누출 영향지역에서는 백혈병과 암발생률이 50 % 이상 증가하였고 유산과 사산 기형아 출산율도 높았다.

(23) 산도즈 화학공장 유출 사건

1986년 스위스 바젤공단의 산도즈 화학공장에서 포스포에스터, 에토실에틸 등의 화학물질 30여톤이 창고근처의 화재로 인해 라인강으로 흘러 들어갔다. 그 결과 라인강 상류에 위치한 바젤시로부터 200 km의 라인강이 물고기의 떼죽음과 극심한 수중 생태계의 파멸을 나타내었다.

(24) 고이아니아 사건

1987년 9월 브라질 고이아니아 지방의 한 보건소에서 의료기 도난사고가 발생하였다. 이 의료기 속에는 방사성 동위원소인 ^{137}Cs이 들어있었다. 훔친 사람들이 분해과정에서 이 물질이 들어 있는 캡슐을 깨뜨렸고 고물상에 팔았다. 고물상 주인은 어두운 가운데서도 푸른빛을 내뿜는 이 물질을 친구들에게 나누어 주었다. 그 결과 며칠 후 위장장애가 나타났고 치료하는 과정에서 내과의사에게 이 사실이 드러나게 되었다. 그 후 방사능 탐지를 통해 방사능에 오염된 41가구의 200여명을 긴급대피시켰으나 4명이 사망하고, 250여명이 방사능 오염에 의한 고통을 겪게 되었다.

(25) 멕시코만 유정 사고

금세기 최악의 환경오염이라 할 수 있는 대형 해양유류오염사고이다. 2010년 4월 20일 미국 멕시코만에 있는 영국 석유회사인 British Petroleum(BP)의 해저유정에서 시추시설의 폭발 사고로 인해 수심 1,500 m 지점에서의 원유 유출이 하루 평균 5만 배럴 정도로 9월 19일까지 5개월 동안 원유가 바닷속으로 분출되어 나온 사고이다. 바닷물 속에 유입된 원유는 일부가 해수면과 해안으로 퍼져나가 해상 및 멕시코만의 생태계를 파괴하였으며, 상당량은 해저에 가라앉은 상태에서 장기적이며 이차적인 환경문제의 잠재된 원인으로 남아 있다. 처리비용에만 80억 달러 이상이 소요되었으며 피해보상과 법적 소송 관련 등에 필요한 금액은 1,000억 달러가 넘을 것으로 추정된다.

찾아보기

ㄱ

ㅇ

ㅈ

ㅊ

ㅋ

B

C

D

E

O

P

T

U

V

W

Y

Z

저자약력

김명철 (金明哲)

1983 경북대학교 공업화학과 졸업(공학사)

1985 경북대학교 대학원 공업화학과 졸업(공학석사)

1988 경북대학교 대학원 공업화학과 박사과정 졸업(공학박사)

2001.1～2002.1 Univ. of Florida 화학과 방문교수

1991～현재 경일대학교 소방방재학부 교수

제6개정증보판 **인간과 환경**

2018년 8월 30일 제6개정증보판 1쇄 발행
2022년 2월 10일 제6개정증보판 2쇄 발행

저 자 : 김 명 철
펴낸이 : 김 중 현
펴낸곳 : **녹 문 당**
주 소 : 경기도 파주시 심학산로 12(서패동)
전 화 : (031) 957-2711 FAX : (031) 957-2710
신고번호 : 제406-1997-000055호

ISBN 978-89-88684-89-4 93530 값 20,000원